Nagler/Löffler

Strategisches Talentmanagement

Sibylle Nagler / Gerd Löffler

Strategisches Talentmanagement

Die besten Mitarbeiter finden, fördern und binden

BELTZ

Sibylle Nagler ist Beraterin für Personal- und Organisationsentwicklung und Expertin für strategisches Talentmanagement.

Gerd Löffler ist Managementberater und verfügt über eine langjährige Führungserfahrung.

FSC www.fsc.org MIX Papier aus verantwortungsvollen Quellen FSC® C089473

Dieses Buch ist erhältlich als:
ISBN 978-3-407-36609-2 Print
ISBN 978-3-407-29032-8 E-Book (PDF)

1. Auflage 2017

Werderstr. 10 69469 Weinheim

Lektorat: Dr. Erik Zyber
Herstellung: Antje Birkholz
Satz: Markus Schmitz, Altenberge
Druck: Beltz Bad Langensalza GmbH, Bad Langensalza
Umschlagkonzept: glas ag, Seeheim-Jugenheim
Umschlaggestaltung: Antje Birkholz
Umschlagabbildung: Stocksy © Mauro Grigollo
Printed in Germany

Weitere Informationen zu unseren Autoren und Titeln finden Sie unter: www.beltz.de

Inhaltsverzeichnis

Die Icons bedeuten:

Stolpersteine

Achtung

Checkliste

Vorwort

Erfolgreich werden künftig die Unternehmen sein, die auf strategisches Talentmanagement setzen.

Motor der deutschen Wirtschaft sind kleine und mittlere Unternehmen. Die sogenannten KMUs machen 99 Prozent der Unternehmen in Deutschland aus. Aber gerade diese Unternehmen haben zunehmend Probleme, geeignete Fachkräfte zu finden und zu binden. Wohl daher investieren sie viel Geld in die Weiterbildung ihrer Mitarbeiter und Mitarbeiterinnen – durchschnittlich über 1 000 Euro pro Kopf und Jahr.

Leider befassen sich noch zu wenige KMUs mit strategischem Talentmanagement, also mit der Frage nach der erfolgskritischen Passung von Mensch und Aufgabe bezogen auf die aktuellen und künftigen Herausforderungen. Und auch die Frage, welche Inhalte von wem im Unternehmen gelernt werden sollten, damit er oder sie künftig anspruchs- und verantwortungsvolle Aufgabenübernehmen kann, wird viel zu selten erörtert. Ohne die konsequente Analyse und Beantwortung dieser Fragen bleibt so manche Investition für Weiterbildung ohne den erhofften Ertrag. Anstatt in oftmals ziellose Weiterbildungen und aufwendige Rekrutierungen zu investieren, scheint die Suche nach Potenzialträgern im eigenen Hause Erfolg versprechender und effizienter.

Das vorliegende Buch geht genau diesen Fragen nach und bietet zahlreiche Hinweise, wie das strategische Talentmanagement in mittelständischen Unternehmen praxisnah etabliert und weiterentwickelt werden kann. Es richtet sich gleichermaßen an Geschäftsführer und Personalverantwortliche, die ihr Unternehmen für junge Bewerber und qualifizierte Fachkräfte interessant machen möchten, indem sie eigene Talente entdecken, fördern und binden.

Den Autoren gelingt es zu verdeutlichen, dass es ohne eine veränderte Haltung, insbesondere im Management und bei Führungskräften, nicht möglich ist, strategisches Talentmanagement umzusetzen. Schließlich handelt es sich um ein ganzheitliches Konzept, das die Unternehmenskultur prägt: Die Führungskräfte werden zu Talentmanagern vor Ort und zu »Entdeckern« ihrer verborgenen Potenzialträger. Die Mitarbeiter selbst werden ermutigt, die eigenen Talente zu ergründen und nachhaltig zu entwickeln.

Das Buch liefert aus meiner Sicht wertvolle Denkanstöße und gute, praxisorientierte Hilfestellungen für alle Unternehmen, die hier etwas tun wollen. Wer bei null beginnt, findet in den sieben Schritten einen strukturierten Weg und dank der definierten Erfolgskriterien eine Richtschnur für den Einstieg in das Thema. Wer schon einen höheren Reifegrad im Talentmanagement erreicht hat, kann seine bisherige Vorgehensweise überprüfen oder findet neue Instrumente dafür.

Ich wünsche allen Leserinnen und Lesern wertvolle Erkenntnisse bei der Lektüre dieses Buches und viel Erfolg bei der Umsetzung des strategischen Talentmanagements.

Prof. Dr. Raphael Verstege
Human Resources Management und Berufspädagogik, TH Nürnberg

Einleitung

Was sichert Erfolg, Wachstum und Innovationsfähigkeit eines Unternehmens? Das sind die Mitarbeiter*, die etwas können und etwas wollen – und zwar genau das, was die aktuellen Herausforderungen des Unternehmens erfordern. Diese Mitarbeiter möglichst im Unternehmen zu finden, sie zu fördern und an die für den Unternehmenserfolg kritischen Schlüsselpositionen zu bringen, das leistet Talentmanagement. Das hört sich komplex an, ist es aber nicht, wenn eine wesentliche Grundbedingung erfüllt ist: die Einsicht und die innere Haltung, dass Talentmanagement zu den strategisch wichtigsten Funktionen im Unternehmen gehört und nicht allein von der Personalabteilung, sondern von der Geschäftsleitung und dem gesamten Management zu leisten ist.

Das Phänomen Talentmanagement wird derzeit vornehmlich als eine Teilfunktion der Personalwirtschaft im Unternehmen behandelt und vor allem unter dem Aspekt des rasanten demografischen Wandels und der fortschreitenden Entwicklung der globalen Wissensgesellschaft als notwendig erachtet. Ein funktionierendes Human Resources Management gilt weitgehend als unabdingbare Voraussetzung für den Wettbewerbsvorteil eines Unternehmens.

Ganz innovative Managementkonzepte stellen Human Resources als strategischen Erfolgsfaktor in den Mittelpunkt. So berichtet Dr. Jochen Schellenberg, bis 2015 Personalleiter der »Deutsche Wohnen AG«: »Unser Unternehmen wächst phasenweise rasant. Daher ist das 2013 initialisierte Talentmanagement, das uns flexibel macht, Schlüsselfunktionen zeitnah passend zu besetzen, von strategisch höchster Bedeutung. Denn wir wollen mehr als nur wachsen: Unter Nachhaltigkeit verstehen wir Verantwortung für unsere Immobilien, unsere Mitarbeiter, Gesellschaft und Umwelt. Wir wollen uns dauerhaft und stabil entwickeln und nachhaltigen Mehrwert schaffen.«

* Aus Gründen der besseren Lesbarkeit verwenden wir ausschließlich die männliche Form. Die weibliche Form ist dabei stets mitgemeint.

Nachhaltig wachsen ist ein gewichtiger Grund vor allem für Mittelständler. Daneben gibt es vielfältige Anlässe, einen systematischen und strategisch fundierten Talentmanagement-Prozess auf den Weg zu bringen.

Anlässe und Zielsetzungen für Talentmanagement

- Anspruchsvolle Wachstumsziele erfordern den ständigen oder phasenweisen Zuwachs an qualifizierten Mitarbeitern und eine zuverlässige Bindung des vorhandenen Personals
- Umstrukturierungen und Reorganisationen
- Neupositionierung eines Unternehmens am Markt
- Expansion auf ausländische Märkte
- Fusionen und Merger
- Neue Vertriebsstrategie
- Absehbarer Generationenwechsel in der Führungs- oder Expertenriege

»Kompetente Personalführung und strategische Personalentwicklung sind heute die wesentlichen Erfolgsfaktoren moderner Organisationen. Beide Aspekte brauchen Klarheit und Konsequenz«, sagt Raphael Verstege, Professor für Human Resources Management an der TH Nürnberg. Vorstände und Geschäftsführer müssen täglich hohe Komplexität in verständliche Botschaften und machbare Schritte transferieren. »Ich möchte am liebsten per Knopfdruck auf meinem Laptop eine komplette Übersicht meines Personals sehen, die mir kurz und möglichst bunt aufzeigt, welche Mitarbeiter besondere Performance zeigen, welche davon Potenzial für weiterführende Aufgaben haben und welche Mitarbeiter gefördert werden sollten, damit sie für künftige Herausforderungen gerüstet sind«, sagt der Chef eines schnell wachsenden Mittelständlers. Geschäftsführer von Unternehmen denken stark in Nutzenkategorien. Der wesentliche Nutzen von Talentmanagement ist es, schnell und flexibel die richtigen Menschen an die erfolgskritischen Positionen zu bringen, um strategische Ziele wie Innovation oder Wachstum zu erreichen.

Unser Buch verspricht nicht den »Knopf«, verfolgt aber weitgehend das Einfachheitsprinzip. Die Umsetzung sind bei aller Komplexität überschaubare und machbare Prozesse. Konkret heißt das: Unser Talentmanagement-Prozess ist in sieben Schritte aufgeteilt und kann in wesentlichen Teilen innerhalb von acht bis zwölf Monaten eingeführt werden.

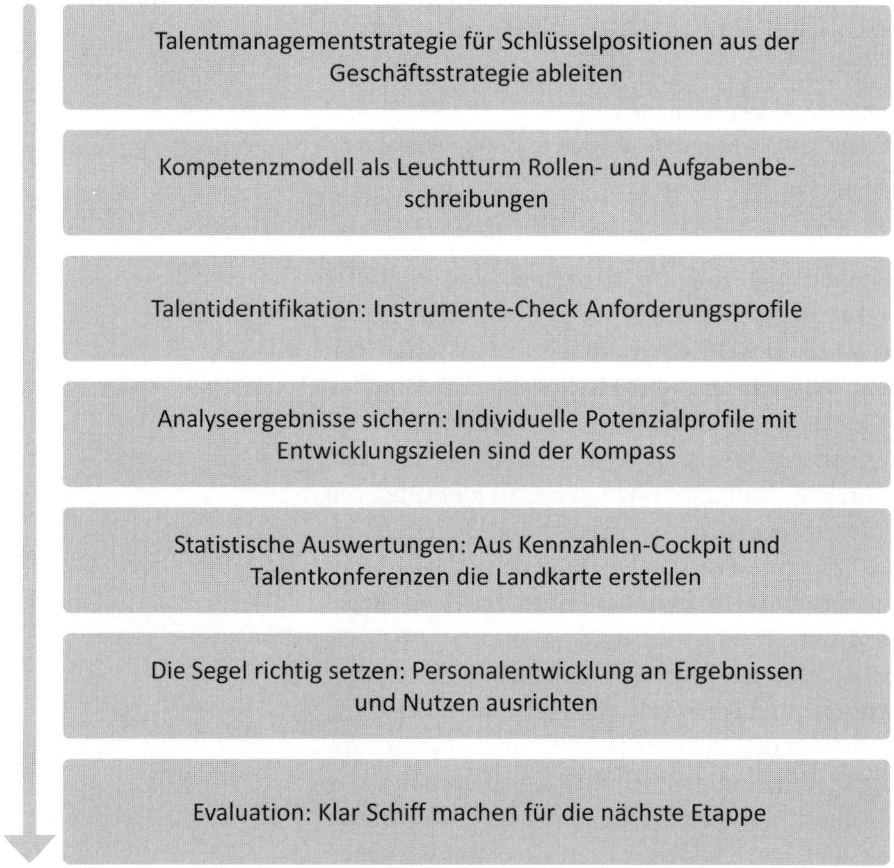

Abb. 1: Talentmanagement in sieben Schritten

Für innovative, vor allem auch mittelständische Unternehmen, die in der Dynamik von Wachstum und Wettbewerb zerrieben werden, reduzieren wir die Komplexität bei hohem Qualitätsanspruch durch moderne Tools und fachliches Know-how, das wir den Führungskräften und der Human-Resources-Abteilung zur Verfügung stellen. Und wir zeigen auch: Für die Einführung von Talentmanagement muss man nicht gleich das ganze Unternehmen auf den Kopf stellen. Sinnvoll kann der Start in einem Unternehmensbereich sein. Danach kann schrittweise die Ausweitung auf andere Bereiche und das ganze Unternehmen erfolgen.

Primärer und sekundärer Nutzen von Talentmanagement

- Die Schätze werden weniger in den Weiten des Ozeans gesucht, sondern im eigenen Unternehmen gehoben und an Bord gebracht.
- Die Führungskräfte werden zu Talentmanagern geschult und mit hilfreichen Instrumenten ausgestattet – und somit weiter professionalisiert.

Definitionen und Beschreibungen von Talentmanagement sind vielfältig und in sich oft schlüssig, in der Praxis aber nicht immer hilfreich. Talentmanagement bezeichnet aus unserer Sicht ein ganzheitliches System von personalbezogenen Strategien, Maßnahmen und Methoden, mit denen sichergestellt wird, dass ein Unternehmen über die erfolgskritischen Personalressourcen für die Herausforderungen in Gegenwart und Zukunft verfügt. Gemeint ist ein zielorientiertes Handeln, um Talente zu identifizieren und zu gewinnen, sie zu fördern, optimal zu platzieren und dauerhaft an das Unternehmen zu binden. Talentmanagement richtet sich dabei immer auf die jeweils erfolgsrelevanten Schlüsselfunktionen, für die es in der Regel einen erhöhten Personalbedarf gibt.

Talentmanagement hat in den letzten Jahren an Bedeutung gewonnen, durch den demografischen Wandel und Fachkräftemangel, die Transparenz des globalen Arbeitsmarktes infolge des Internet (Konkurrenz auf dem Arbeitsmarkt), durch Innovationsgeschwindigkeit und Businessdynamik (Bedarf an immer neuen und innovationskompetenten Mitarbeitern). Dieser Trend wird sich in den kommenden Jahren noch verschärfen, weil die neuen Fach- und Führungskräfte zunehmend aus der anspruchsvollen »Generation Y« stammen, die aus ganz persönlichen Gründen nach Talentmanagement ruft. In der Praxis sind daher drei Grundfragen stets die Basis allen Handelns:

1. Beschreibung der Geschäftsstrategie jenseits von Gewinnmaximierung (Vision, Ziele, Strategie): Wohin steuert das Unternehmen? Welche Innovation strebt ein spezieller Bereich an? Was ist das Kerngeschäft? Will das Unternehmen schnell oder langsam wachsen, sich mit anderen zusammenschließen, will es sich auf ein Kerngeschäft reduzieren oder will es ins Ausland expandieren?

2. Definition der Schlüsselpositionen für gegenwärtige und künftige Herausforderungen in einem Bereich oder im Gesamtunternehmen: Welche Mitarbeiter brauchen wir unabdingbar dazu? Was tun sie genau? Was können sie? Was leisten sie für den Erfolg?
3. Ableitung einer Talentmanagement-Strategie aus Recruiting, Identifikation, Entwicklung und Bindung von Mitarbeitern: Wo finde ich diese Menschen? Im Unternehmen oder außerhalb? Wie finde ich sie? Welche Eigenschaften und Fähigkeiten brauchen sie? Wie entwickle ich sie dorthin? Wie kann ich sie motivieren und halten?

Talentmanagement scheitert daran, dass diese Fragen nicht vollständig berücksichtigt oder nur unzulänglich beantwortet werden. Das liegt auch daran, dass die Vernetzung von Geschäftsführung und Personalbereich in den seltensten Fällen funktioniert. Heißt in der Konsequenz: Personalleitung oder Personalentwicklung wissen zu wenig über die Ziele und Strategien des Unternehmens, von einer aktiven Mitgestaltung kann erst gar keine Rede sein. Unklar bleibt auch, wer den Hut für das Thema »Talentmanagement« auf hat. In vielen Unternehmen ist die Personalentwicklungsabteilung als Unterreferat spärlich besetzt – manchmal mit nur einer Person, die mit der Geschäftsführung kaum auf Augenhöhe agiert.

Wesentliche Aufgabe der Geschäftsführung und des Managements ist es jedoch, sich regelmäßig mit den für Talentmanagement verantwortlichen Personalern an einen Tisch zu setzen. Denn Talentmanagement ist eine besondere Form des strategischen Human Resources Managements, da die Auswahl, Förderung und Einbindung bestimmter Mitarbeitergruppen auf die strategischen Beiträge zum Unternehmenserfolg ausgerichtet sind.

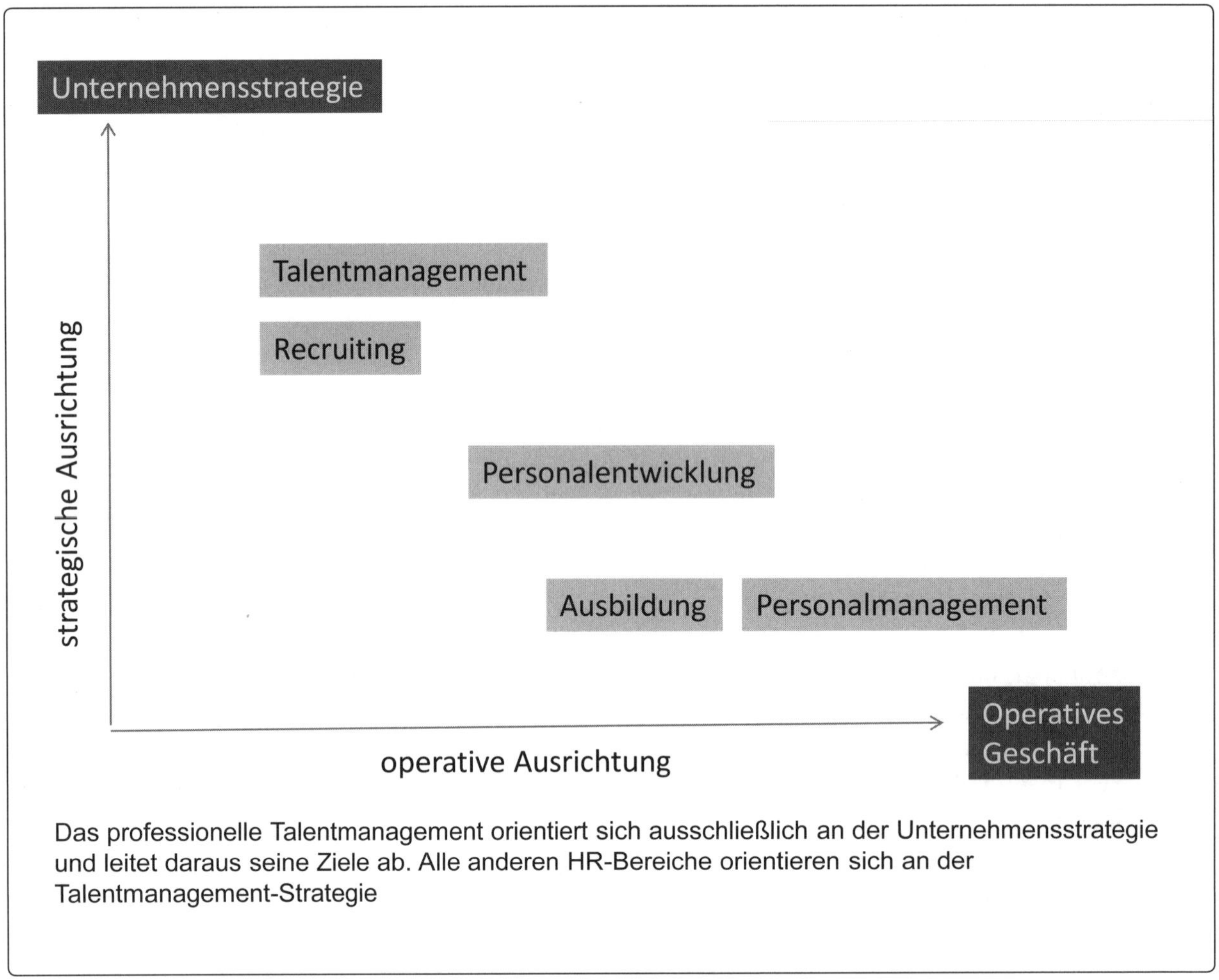

Abb. 2: Strategische Ausrichtung verschiedener Human-Resources-Funktionen

Exkurs: Kolumbus als Talentmanager

Einer der erfolgreichsten Talentmanager der Geschichte war Christoph Kolumbus. Er war es sicher auch deshalb, weil er zugleich der Geschäftsführer seines Unternehmens war. Er wollte den Seeweg nach Indien finden. Das war seine Vision. Und er wollte in der Praxis nachweisen, dass die Erde eine Kugel und keine Scheibe ist. Er hatte durchaus auch materielle Ziele: Ein Transportweg zu See würde Gewürze und Waren aus Indien schneller und sicherer nach Europa bringen.

Für seine »Unternehmung« brauchte er eine eigene Strategie, da dies niemand vor ihm gewagt hatte. Diese Strategie war wahrscheinlich ebenso waghalsig wie simpel: lossegeln mit drei Schiffen nach Westen und sehen, wo man ankommt. Dazu gehörte natürlich auch eine Finanzstrategie: Er musste zunächst Geld beim König und dann brauchbare Schiffe auftreiben. Und schließlich eine Human-Resources-Strategie: Welche Crew würde den Erfolg seiner Unternehmung sicherstellen? Erfahrene, fitte Matrosen, gut ausgebildete Offiziere und ein Steuermann mit besten Navigationskenntnissen. Also eine qualifizierte Crew mit Erfahrung.
Das war klar. Was aber nicht so klar war und was Kolumbus wahrscheinlich intuitiv wusste, waren die anderen Eigenschaften für seine Mannschaft: Sie musste furchtlos sein und zugleich neugierig. Denn keiner konnte mit Sicherheit sagen, wie dieses Wagnis ausgehen würde. Sie brauchte eine hohe Flexibilität, da sie sich immer wieder schnell auf unvorhersehbare Anforderungen einstellen musste. Sie brauchte Mut, Zuversicht und Frustrationstoleranz. Und sie brauchte Ausdauer. Denn niemand konnte wissen, wie lange die Reise dauern und ob sie jemals erfolgreich sein würde. Er brauchte für diese Herausforderung Menschen mit speziellen Kompetenzen und Neigungen, an die er zielsicher und passend die erfolgskritischen Aufgaben auf den Schiffen verteilen konnte. Und sie alle brauchten die Motivation, neue Wege zu beschreiten. Darüber hinaus musste Kolumbus sie an sich binden können, mit seiner Persönlichkeit, mit seiner Vision, mit seinem Vorbild. Das war seine Führungsleistung und die seiner Schiffsoffiziere.
Warum also war Kolumbus so erfolgreich? Aus unserer Sicht deshalb, weil er als Geschäftsführer und erste Führungskraft seiner Flotte eine gute Human-Resources-Strategie hatte und intuitiv für seine unternehmerische Herausforderung das richtige Talentmanagement betrieben hat. Die falsche Mannschaft hätte ihn irgendwann über Bord geworfen und wäre umgekehrt.

Nach wie vor glaubt speziell der Mittelstand, dass systematisches Talentmanagement nicht nötig und viel zu aufwendig sei (vgl. Trost 2012; auch Talent Klima Index 2016 der Hochschule Fresenius). Dabei benötigen gerade kompakte, innovative und schnell wachsende Unternehmen, wie es viele Hidden Champions sind, in besonderem Maße ein professionelles Talentmanagement.

Nach wie vor ist Talentmanagement zu wenig eingebunden in die Unternehmensstrategie und die Unternehmensziele. Daher laufen Personalmaßnahmen in die Leere. Nach wie vor ist Talentmanagement kein Führungsthema. Nach wie vor verfügt der Personalbereich speziell im Mittelstand über unzureichende personelle und strukturelle Ressourcen, um Talentmanagement strategisch im Sinne des Unternehmenserfolgs zu betreiben.

So beschreiben es Anne Dreyer und Magdalena Nowak in ihren Untersuchungen über betriebliches Bildungsmanagement als Teil des strategischen Talentmanagements (Dreyer/Nowak 2012). Dabei ist der Nutzen theoretisch erkannt und in aktuellen Untersuchungen nachgewiesen.

Nutzen von Talentmanagement

- Das Unternehmen verfügt gegenwärtig und zukünftig über die Mitarbeiter, die zu den jeweiligen Anforderungen passen.
- Versteckte Potenziale und Ressourcen werden im Unternehmen entdeckt und gehoben.
- Das Unternehmen oder die Geschäftsführung hat einen Überblick über die Leistungs- und Potenzialträger und kann daher flexibel eine effiziente quantitative und qualitative Besetzung der Schlüsselpositionen planen.
- Mitarbeiter werden als wichtigste Ressource gesehen, ihr Beitrag zum Unternehmenserfolg wird geschätzt und eingefordert.
- Zielorientierte Personalentwicklung wird möglich und nötig.
- Führung wird professionalisiert und um Personalbeurteilung, Feedback und kompetenzgerechte Führung erweitert.
- Eine spezielle Frauenförderung wird dadurch weitgehend überflüssig.
- Karriereplanung und Fortbildung werden ein wichtiges Bindungsinstrument.
- Führungskultur wird insgesamt zur Förderungskultur.

Die we.conect Gruppe Berlin fand in ihrer Untersuchung »Human Resources Perspektive 2016« heraus, dass für leitende Personalmanager von den künftigen Herausforderungen im Human Resources Management in den nächsten fünf Jahren das Thema »Talentmanagement« nach »Führungskräfteentwicklung« an zweiter Stelle steht (siehe Abb. 3).

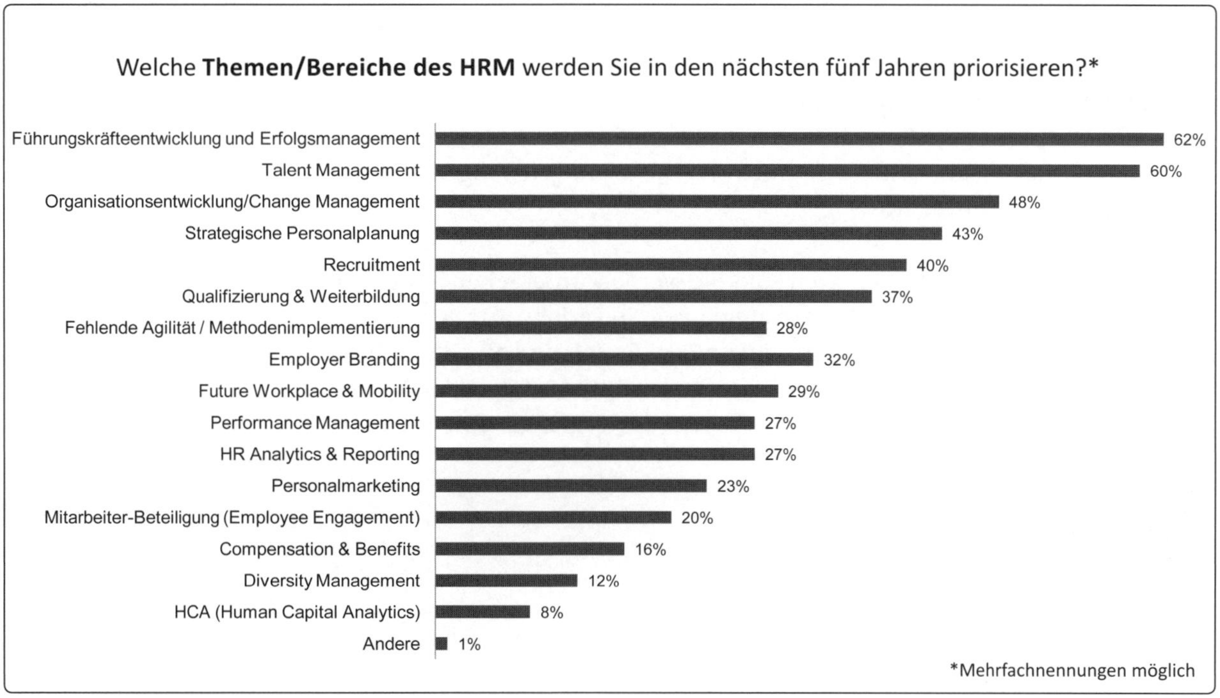

Abb. 3: Herausforderungen für das Human Resources Management (Quelle und Copyright: we.CONECT Global Leaders GmbH 2016)

Für uns stellen sich als Konsequenz fünf große Lücken dar, die es zu schließen gilt und zu denen wir hier Unterstützung anbieten:

1. Talentmanagement wird als modischer Begriff im Personalmanagement verwendet, ist in seiner hohen Bedeutung für den Unternehmenserfolg, das Wachstum und den Wettbewerb jedoch zu wenig erkannt. Das bedeutet, dass Geschäftsführer und Vorstand Talentmanagement zu ihrem Thema machen müssen. Das haben wir in unseren Beispielen erreicht.
2. Talentmanagement muss sich definitiv aus den strategischen Zielen des Unternehmens(-bereichs) herleiten und in konkrete, aus Analysen abgeleitete Ziele für die Personalentwicklung münden. Nach wie vor fehlt es an der Vernetzung zwischen Strategie und Human Resources. Initiativen der Personalentwicklung bleiben oft »Stand-alone-Maßnahmen«. Wie das anders geht, zeigen wir in diesem Buch.
3. Talentmanagement ist noch kein Thema für Führungskräfte. Wir zeigen, wie es dazu werden kann.

4. Personalabteilungen speziell im Mittelstand haben zu wenig Ressourcen, fachliches Know-how und Personal. Wir zeigen, wie Berater das Unternehmen als Copilot auf Zeit begleiten können.
5. Es gibt widersprüchliche Meinungen darüber, was man unter Talent versteht. Wir haben eine schlüssige Antwort. Die wichtigste Frage lautet für uns immer: Talent für was?

»Trennen Sie sich von den 20 Besten und Sie werden untergehen«, sagt Bill Gates. Bekannt ist auch die Erfolgsstrategie von Steve Jobs, für sein Unternehmen immer nur die besten Mitarbeiter zu gewinnen und zu halten. Aber wer sind die Besten? Und was genau ist damit gemeint? Im folgenden Kapitel bemühen wir uns zunächst um eine Definition des Begriffes »Talent«.

1. Definition und Standortanalyse

Für den Begriff »Talent« finden sich zahlreiche, zum Teil widersprüchliche Definitionen. Wir möchten in diesem Kapitel den Begriff für unser Buch definieren. Am Ende des Kapitels können Sie für Ihr Unternehmen eine Standortbestimmung für das Thema »Talentmanagement« vornehmen.

1.1 Was heißt eigentlich »Talent«? Und wie wollen wir es verwenden?

Ursprünglich bezeichnete das griechische Wort »tálanton« das Gewogene und stand für eine bestimmte Gewichtseinheit. Danach wurde der Wert der Ware bestimmt und entsprechend mit Geld bezahlt oder eingetauscht. Im Matthäus-Evangelium (Kap. 18, Vers 24; Kap. 25, Vers 15–28) erscheint »Talent« im Sinne von »anvertrautem Vermögen«. Später wurde der Begriff mit »geistiger Anlage« und im 15. Jahrhundert mit »natürlicher Begabung« assoziiert (Ritz/Sinelli 2010).

Im 17. Jahrhundert schließlich wird der Begriff spezifischer benutzt: für eine spezielle Fähigkeit oder Eignung im Sinne höherer geistiger Fähigkeiten. Offenbar bezog sich »Talent« schon immer auf ein wertvolles, eher knappes und begehrtes Gut. Aus dem Duden erfahren wir, dass Talent eine angeborene Begabung ist, die außerordentliche Leistungen auf einem speziellen Gebiet (künstlerisch, sportlich) möglich macht.

Seit der McKinsey-Studie aus dem Jahr 1998, in der Talente als die besten Mitarbeiter im Unternehmen bezeichnet werden, für die es sich lohne zu kämpfen, hat sich der Talentbegriff in seiner Bedeutung gewandelt und wird inzwischen uneinheitlich verwendet. Wir finden die synonyme Verwendung mit

- Begabung, Genialität, Intelligenz
- Potenzial
- Mensch mit Talent oder Potenzial

In der Wirtschaft setzt sich mehr und mehr die Bedeutung durch: qualifizierte Personen, die künftig vermehrt benötigt werden, aber schwer zu finden sind. So wird der Begriff auch mit Begriffen wie Leistungsträger, Top-Performer oder High-Potential vermischt. Die Autoren Ritz und Thom werden konkreter, indem sie mit »Talent« Personen bezeichnen, die

- über eine höhere fachliche Ausbildung verfügen,
- eine ausgeprägte Motivation und Freude an herausfordernden Tätigkeiten haben,
- eine hohe soziale Kompetenz im Umgang mit Menschen zeigen und
- ein stetiges Bedürfnis nach beruflicher Weiterbildung haben.

Für das Thema »Talentmanagement« reicht diese Definition jedoch nicht. Nicht in jedem Unternehmen sind für erfolgskritische Positionen höhere fachliche Ausbildungen erforderlich. Nicht in allen Funktionen zählt zum Beispiel die Kompetenz im Umgang mit Menschen in gleicher Weise.

Abb. 4: Abgrenzung des Begriffs »Talent« von »Top-Performer« und »High-Potential«

Begriff	Definition	Anmerkung
Top-Performer	Personen, die in ihrem Aufgabenbereich überdurchschnittliche Leistungen erbringen. Ob sie diese auch in anderen Bereichen oder bei anspruchsvolleren Herausforderungen erbringen, wird meist angenommen, ist aber nicht sicher.	Hier gilt es, das allgemeine Entwicklungspotenzial und das Potenzial für spezielle Aufgabenstellungen zu prüfen.
High-Potentials	Meist jüngere Personen, denen man aufgrund ihrer Leistungsvoraussetzungen ein hohes Potenzial für besondere Fach- oder Führungsaufgaben unterstellt.	
Talente	Personen, die in erfolgskritischen Positionen im Unternehmen durch gute Leistung aktuell besonders zum Unternehmenserfolg beitragen.	Was erfolgskritische Positionen in einer Organisation sind, ist abhängig von der Art der Aufgaben und von den aktuellen Herausforderungen.
Talente mit Potenzial (»Stars«)	Personen in Schlüsselpositionen, die aufgrund ihrer Performance, ihres allgemeinen Entwicklungspotenzials und ihres speziellen Potenzials für weiterführende erfolgskritische Aufgaben geeignet erscheinen und gefördert werden sollten.	Was genau das spezielle Potenzial ist, muss man ebenfalls aufgaben- und unternehmensspezifisch definieren.

Talente sind Personen mit erfolgskritischen Kompetenzen über alle Hierarchien und Altersgrenzen hinweg. Sie sind (potenzielle) Schlüsselmitarbeiter, die wesentlich zur Wertschöpfung des Unternehmens beitragen und deren Leistungen nicht ohne weiteres kompensiert werden können. Daher muss das Unternehmen wissen, wer diese Mitarbeitenden sind, es muss ihre Kompetenzen und Potenziale kennen, sie fördern und an das Unternehmen binden. Fest steht, dass jede Organisation mit der Einführung eines Talentmanagement-Prozesses festlegen muss, was genau sie unter den Begriff »Talent« subsumiert, hängt er doch in starkem Maße von verschiedenen variablen Faktoren ab: der aktuellen Herausforderung, den Produkten oder Dienstleistungen des Unternehmens, der Marktlage und der damit zusammenhängenden Geschäftsstrategie für den Unternehmenserfolg. Diese bestimmt schließlich die spezifische Bestimmung des Talentbegriffs.

1.2 Talentmanagement und Personalentwicklung – eine Abgrenzung

Grundlegende Aufgabe des Talentmanagements ist es demnach, einen zentralen Beitrag zur Erreichung der Organisationsziele und damit zum Erfolg zu leisten. Auch von daher kann Talentmanagement nur ein Konzept sein, das situationsadäquat für das jeweilige Unternehmen oder den jeweiligen Bereich entwickelt und umgesetzt wird. Immer gilt jedoch, dass es sich an der jeweiligen Unternehmens- oder Bereichsstrategie ausrichtet und zu deren Umsetzung beiträgt.

Während manche Autoren explizit alle Mitarbeitenden einer Organisation einbeziehen (Steinweg 2009, S. 1), betrachten wir das Talentmanagement segmentiert. Denn es ist nicht gleichzusetzen mit Personalentwicklung, auch wenn es Elemente daraus enthält. Personalentwicklung umfasst alle systematischen und zielgerichteten Maßnahmen der Weiterbildung und der Förderung Einzelner oder von Gruppen wie Mitarbeitergespräche oder Führungsnachwuchsprogramme sowie Maßnahmen der Organisationsentwicklung wie Teamcoaching oder Mitarbeiterbefragungen. Talentmanagement ist demgegenüber ein Organisationskonzept, das auf die Identifizierung, Gewinnung, Förderung und Positionierung der Personen abzielt, die aufgrund ihrer für die Organisation erfolgskritischen Schlüsselkompetenzen als Talente bezeichnet werden (vgl. Ritz/Thom 2010, S. 10). Erfolgskritische

Schlüsselkompetenzen sind dabei auch auf die künftigen Herausforderungen der Organisation zu beziehen und haben von daher einen strategischen Charakter.

Anders als bei der Personalentwicklung müssen mit dem Talentmanagement zwingend die Organisations- und Geschäftsfeldstrategien verknüpft werden, sodass das Konzept immer auch eine Funktion des gesamten Managements ist. Das Postulat von der Führungskraft als Personalentwickler ist für jeden einzelnen Mitarbeiter von hoher Relevanz. Relevant für den Unternehmenserfolg ist die Bereitschaft der Führungskraft, als Talentmanager abteilungsübergreifend und unternehmerisch zu denken und zu agieren.

Abb. 5: Abgrenzung zwischen Human Resources und Talentmanagement

	Gemeinsamkeiten mit Human Resources Management	Spezifika für Talentmanagement
Nachfolgeplanung	Beide sind auf die (Nach-)Besetzung wichtiger Positionen fokussiert	Fokus auf Nachfolgeplanung mit Talenten für besonders erfolgskritische Positionen
Kompetenzmanagement	Zielt auf die Ermittlung der unternehmensrelevanten Kompetenzen und entwickelt in der Regel verschiedene unternehmensspezifische Kompetenzmodelle	Benötigt für die Identifizierung von Talenten ein Kompetenzmodell
Führungskräfteentwicklung	Zielt auf die Bereitstellung qualifizierter Führungskräfte für alle Organisationseinheiten und den Aufbau einer Führungskultur	Bereitet Talente auf weiterführende Führungsaufgaben vor
Mitarbeiterführung/ Mitarbeitergespräche	Beide melden Mitarbeitenden die aktuelle Performance und Kompetenzen zurück und vereinbaren Entwicklungsmaßnahmen	Identifiziert und fördert Talente aufgrund einer besonderen Performance und eines besonderen Entwicklungspotenzials; mögliche Eignung für Schlüsselpositionen
Strategisches Human Resources Management	Richtet seine Maßnahmen für alle Mitarbeitenden an Strategien aus	Zwingend strategische Ausrichtung und Fokus auf erfolgskritische Schlüsselpersonen

Eine Studie der Boston Consulting Group und der World Federation of People (WFMPA) hat diesen Zusammenhang im Jahr 2015 näher untersucht und erstaunliche Ergebnisse zutage gebracht. So verzeichnen Unternehmen mit einer qualitativ hochwertigen Führungskräfteentwicklung und einem Talentmanagement mit modernen Methoden und Tools mehr als zweifach höhere Umsatzsteigerungen und 1,5-fach schneller wachsende Gewinne als solche ohne professionelles Talentmanagement.

Eine weitere Erkenntnis der Studie: Der aktive Part der Führungskräfte bei der Entwicklung von Mitarbeitern ist entscheidend für den Unternehmenserfolg. Dabei gilt es offenbar, die Führung des Unternehmens auch zeitlich stark in die Personalentwicklung einzubinden.

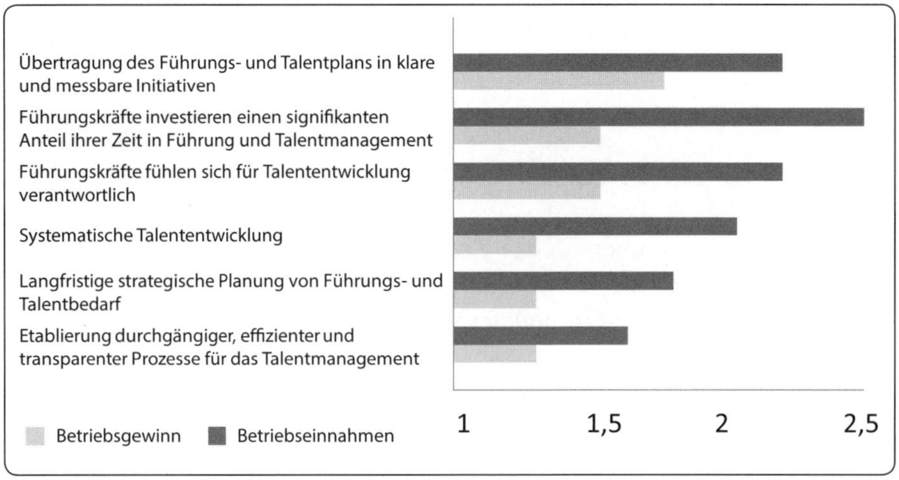

Abb. 6: Talentmanagement und Unternehmenserfolg (Quelle: Boston Consulting Group)

1.3 Nutzen erkannt, aber wo steht Ihr Unternehmen?

Wie die Grafik zeigt, korreliert strategisches und systematisch umgesetztes Talentmanagement deutlich mit dem Unternehmenserfolg. Die Relevanz von Talentmanagement ist erkannt und steht auf der Agenda von Human Resources. Es genießt einen hohen Stellenwert, der sich auch in Investitionsbereitschaft äußert. Untersuchungen zeigen aber auch, dass noch fast keines der befragten Unternehmen über ein wirklich ausgereiftes strategisches Talentmanagement verfügt. Operative Themen wie Performancemanagement für Bonuszahlungen erfahren mehr Aufmerksamkeit als konsequente strategische Überlegungen und Prozesse zu Recruiting oder Entwicklung. Professor Klaus Stulle von der Fresenius Hochschule in Köln fand in mehreren Studien heraus, dass die Ausrichtung des Talentmanagements an der Geschäftsstrategie erst bei etwa 10 Prozent der befragten DAX-Unternehmen erfolgt (Fresenius Hochschule, Fachbereich Wirtschaft und Medien, www.hs-fresenius.de).

Fach- und Führungspositionen auf die klassische Art zu besetzen, kann den anstehenden Mangel nicht decken. Bislang werden vornehmlich externe Personen gesucht und gefördert, die hoch qualifiziert (möglichst in MINT), jung, männlich und deutsch sind. Künftig müssen vermehrt Personen gesucht und gefördert werden, die schon im eigenen Unternehmen arbeiten und formal nicht hoch qualifiziert sind, aber Potenzial haben, zudem ältere, qualifizierte und motivierte »Wissensträger«, Frauen und Ausländer mit Potenzial.

1.4 Talentmanagement-Check für Ihr Unternehmen

Je strategischer und systematischer ein Unternehmen an das Thema herangeht, desto größer sind die positiven Auswirkungen auf Gewinn und Umsatzentwicklung. An unserem siebenstufigen Reifegradmodell (Abb. 7) lässt sich zunächst für jedes Unternehmen grob ermessen, wo es aktuell steht und welche Prozessschritte noch erforderlich sind.

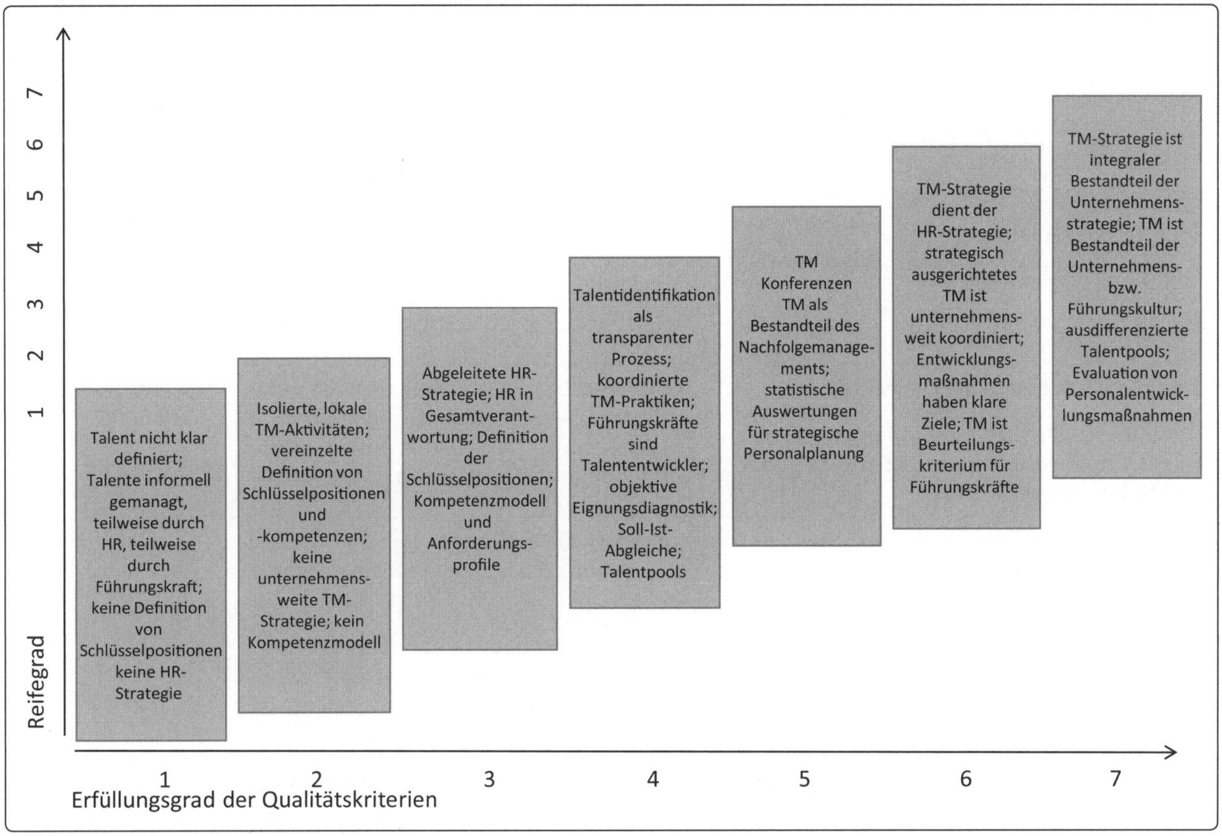

Abb. 7: Reifegrade des strategischen Talentmanagements (TM)

Wenn Sie die Reifegrade studiert haben, können Sie mithilfe von Abbildung 8 relativ leicht herausfinden, wo Ihr Unternehmen gerade Handlungsbedarf hat. Zugleich ist der Talentmanagement-Check eine Lesehilfe für dieses Buch.

Abb. 8: Checkliste für Talentmanagement

Frage	Wenn nein, dann ...	Lesen Sie dazu Seite ...
Gibt es eine handlungsleitende TM-Strategie, die mit der Geschäftsleitung abgestimmt ist? Gibt es eine Talentdefinition?	Explorieren Sie mit der Geschäftsführung oder Bereichsleitung die künftigen strategischen Herausforderungen, z.B. in einem Workshop zur Erarbeitung der TM-Strategie.	Schritt 1: Seite 117
Sind die Schlüsselpositionen definiert? Gibt es für die Schlüsselpositionen Rollen- und Aufgabenbeschreibungen? Gibt es ein Kompetenzmodell?	Definieren Sie die Schlüsselpositionen und erarbeiten Sie mit einer Managementgruppe auf Basis von Rollen- und Aufgabenbeschreibungen ein Kompetenzmodell.	Schritt 2: Seite 119
Gibt es Anforderungsprofile für Schlüsselpositionen, die sich auf das Kompetenzmodell beziehen?	Erarbeiten Sie zusammen mit einer Projektgruppe aus dem Management die Anforderungen.	Schritt 3: Seite 124
Hat Human Resources die Gesamtverantwortung für das strategische Talentmanagement?	Verankern Sie die Gesamtverantwortung für das TM an einer strategisch einflussreichen Position bzw. Abteilung oder in der Geschäftsführung.	
Haben Sie für die identifizierten Talente Potenzialprofile mit Entwicklungszielen? Nutzen Sie bereits bewährte und objektive Instrumente zur Identifikation von Talenten?	Gleichen Sie Instrumente mit den veränderten Qualitätsanforderungen ab.	Schritt 4: Seite 134
Ist der Prozess der Talent-Identifikation transparent?	Implementieren Sie einen koordinierten und transparenten Prozess mit anerkannten objektiven Instrumenten für das TM.	
Sind die Führungskräfte in den Entwicklungsprozess der Talente integriert?	Holen Sie alle Führungskräfte verbindlich ins Boot.	

Frage	Wenn nein, dann ...	Lesen Sie dazu Seite ...
Verfügen Sie über ein Kennzahlencockpit oder einen Bericht, der dem Management als Steuerungsinstrument dient?	Überprüfen Sie die Vernetzung Ihres TM mit den strategischen Herausforderungen des Unternehmens; überprüfen Sie Ihre Instrumente in Bezug auf objektive Datenerfassung.	Schritt 5: Seite 134
Sind TM-Konferenzen mit den Geschäftsfeldbereichen und der Geschäftsleitung installiert?	Führen Sie regelmäßige TM-Konferenzen in den Geschäftsfeldern ein.	
Unterstützt das TM in standardisierter Form das Nachfolgemanagement?		
Werden Personalentwicklungsmaßnahmen an Analyseergebnissen und Nutzen ausgerichtet?	Prüfen Sie sehr kritisch, ob die relevanten Personalentwicklungsmaßnahmen einen aktuellen Bezug zu den unternehmerischen Herausforderungen haben.	Schritt 6: Seite 135
Haben die Entwicklungsmaßnahmen im TM differenzierte Ziele?	Aktualisieren Sie das Beurteilungssystem für Führungskräfte entsprechend dem TM-Prozess.	
Werden die Führungskräfte auch nach ihrem Beitrag für das TM beurteilt?		
Ist das strategische TM ein Bestandteil der Unternehmensstrategie und -kultur?	Überprüfen Sie, ob Sie sich regelmäßig mit dem Management und der Geschäftsleitung absprechen und diese im Boot haben.	Schritt 7: Seite 136
Sind die Evaluationen der Personalentwicklungsmaßnahmen mit den Zielen des TM vernetzt?	Setzen Sie Standards für eine regelmäßige Überprüfung von Instrumenten und Prozessen.	

2. Was Sie unbedingt beachten sollten: 7 Erfolgskriterien für strategisches Talentmanagement

Wir haben in der Praxis immer wieder festgestellt, dass es sieben Kriterien gibt, die einen Talentmanagement-Prozess erfolgreich machen. Dabei kommt es nicht darauf an, ob Sie ein ganzes System in der Organisation einführen oder nur einen ersten bereichsbezogenen Talentprozess aufsetzen. Diese Kriterien sichern einen qualitätsvollen Prozess und damit den Erfolg. Denn sie beziehen sich auf die Kultur einer Organisation, ohne die die beste Strategie nicht umgesetzt wird. Eine solche Kultur wird bestimmt durch das Denken, Fühlen und Handeln der Menschen in der Organisation. Die vier kulturbildenden und untereinander agierenden Gruppen für das Talentmanagement sind die Geschäftsleitung und das obere Management, die Linienmanager, die Personalexperten und die Mitarbeiter selbst.

Wenn die Prinzipien des strategischen Talentmanagements im Widerspruch zu den mentalen Modellen dieser Personengruppen über Führung, Leistung, Auswahl und vieles mehr stehen, werden sie die Realisierung noch so sinnvoller Ansätze verhindern. Mentale Modelle oder Glaubenssätze sind verallgemeinernde, tief sitzende Annahmen über die Art und Weise, wie die Welt und Organisationen funktionieren. Wie eine innere Landkarte geben sie Orientierung: Sie lenken die Wissensaufnahme, beeinflussen Einstellungen und Werte und steuern das Verhalten.

1. Talentmanagement leitet sich aus der Unternehmensstrategie ab und ist daher Sache der Geschäftsleitung, die es initiiert oder unterstützt.

2. HR ist in der Gesamtverantwortung und hat drei Rollen: strategischer Planer, kreativer Gestalter, verantwortlicher Controller.

3. Führungskräfte sind Talententwickler und werden danach beurteilt.

4. Ein aus der Unternehmensstrategie abgeleitetes Kompetenzmodell dient als Grundlage für die Potenzialkriterien zur Talentidentifikation. Schlüsselpositionen mit klaren Rollen- und Aufgabenbeschreibungen sind definiert.

5. Talentidentifikation als transparenter Prozess beruht auf objektiver Eignungsdiagnostik, die den Status quo und das Potenzial erfasst.

6. Talentmanagement ist integraler Bestandteil des Nachfolgemanagements.

7. Maßnahmen und Programme haben definierte Ziele und werden evaluiert.

Abb. 9: Sieben Erfolgskriterien für strategisches Talentmanagement (nach Lutz von Rosenstiel)

Eine McKinsey-Studie aus dem Jahre 2007 zeigt auf, dass die größten Hindernisse bei der Einführung von Talentmanagement auf die ablehnende Haltung und die mangelnde Bereitschaft der Manager zurückzuführen sind, sei es aufgrund von Bereichsegoismen, mangelndem Interesse an der Entwicklung der Mitarbeiter oder Verzicht auf die Ausrichtung des Talentmanagements auf die Unternehmensstrategie (vgl. Komm/Putzer/Cornelissen 2007). Die sieben Erfolgskriterien setzen am Mindset der Organisation an und sollen in ihrer schrittweisen ganzheitlichen Umsetzung für einen Kulturwandel sorgen.

2.1 Talentmanagement als Teil der Unternehmensstrategie

Talentmanagement ist eine Querschnittsaufgabe des Personalmanagements und befasst sich mit der Identifizierung, Entwicklung und Bindung einer speziellen Mitarbeitergruppe im Unternehmen – derjenigen in und für erfolgskritische Positionen. Daher ist es in besonderem Maße mit der Unternehmensstrategie verknüpft. Seine Strategie muss sich zwangsläufig aus der aktuellen Unternehmensstrategie oder zumindest aus einer Bereichsstrategie ableiten. Denn das Ziel von Talentmanagement ist es, diese Strategie zu unterstützen.

Personalstrategie ist demgegenüber auf die gesamte Mannschaft als einen bedeutsamen Bestandteil des Unternehmens ausgerichtet mit dem Ziel, das Humankapital der Organisation im Sinne des Unternehmenserfolgs weiterzuentwickeln. In ihrem Fokus stehen oftmals die Führungskräfte, aber auch die Arbeitnehmerattraktivität und die Kundenzufriedenheit. Auch wenn sich hierbei immer die Frage stellt, wie Human Resources möglichst die strategischen Ziele der Organisation unterstützen kann, wird eine rein strategische Ausrichtung der Komplexität von Personalarbeit wahrscheinlich nicht gerecht. Personalstrategie beantwortet die Frage, wo die Belegschaft qualitativ und quantitativ in drei bis fünf Jahren steht und welche unternehmerischen Rahmenbedingungen in Hinblick auf die äußeren Wettbewerbsbedingungen geschaffen werden müssen, damit diese Ziele erreicht werden können. Das impliziert Rekrutierungskonzepte, Aus- und Weiterbildung, Flexibilisierung und Familienfreundlichkeit sowie weitere Bindungsinstrumente (vgl. Hölzle 2010, S. 79). Ein strategischer Ansatz für Personalarbeit impliziert aber vor allem ein verändertes Rollenverständnis speziell für die Personalentwicklung, das sich seit Dave Ulrichs Forderungen von 1997 jedoch noch längst nicht in allen Human-Resources-Abteilungen durchsetzen konnte. Der amerikanische Professor erachtete es schon vor 20 Jahren für notwendig, dass sich das Personalmanagement neu definieren müsse, weitreichendere Aufgaben und Kompetenzen erlangen und einen Beitrag zur Wertschöpfung leisten solle (vgl. Ulrich 1997). Laut einer aktuellen Befragung (Stulle/Wensing 2014) wird die Tätigkeit von Personalexperten, teilweise sogar von der Personalleitung, jedoch nach wie vor vom operativen Handeln dominiert.

Von Personalexperten wird künftig immer weniger die Dienstleistung auf Abruf für andere Organisationseinheiten erwartet. Sie müssen sich selbst als strategische Partner verstehen, die das Management in Personalfragen beraten, damit die Ziele des Unternehmens gemeinsam erreicht werden. Das bedeutet für Human-Resources-Verantwortliche vermehrt planerisch-konzeptionelles Denken und Handeln, es bedeutet exzellente Vernetzung im Unternehmen und professionelle Beziehungspflege zum Management aller Funktionsbereiche. Das gilt in besonderem Maße für das Talentmanagement. Es kann so zu einer wichtigen »interagierenden Variable der strategischen Entscheidungsfindung« (Ritz/Sinelli, S. 12) werden.

Ohne die Verknüpfung von Talentmanagement und Organisationsentwicklung auf strategischer Ebene und ohne die aktive Unterstützung durch die Geschäftsführung kann keine Nachhaltigkeit entstehen. Geschäftsführung und Management müssen erkennen, dass eine Umsetzung ihrer Produkt- oder Vertriebsstrategien ohne die Einbeziehung des Personal- und hier speziell des Talentmanagements kaum machbar ist (Ritz/Sinelli, S. 12).

Fragen bei der Entwicklung einer Talentmanagement-Strategie

Vor welchen aktuellen und künftigen Herausforderungen steht das Unternehmen oder ein spezieller Bereich? Das können Wachstum, neue Wettbewerbsbedingungen oder Standortverlegungen sein. Aus diesen Anforderungen entwickelt das Management Ziele und Strategien zur Umsetzung. Diese wirken sich in der Regel auf die Anforderungen an das Personal aus und erfordern eine spezielle Strategie für das Talentmanagement.

Das Talentmanagement beantwortet folgende Fragen: Welches sind die erfolgskritischen Funktionen angesichts der aktuellen Herausforderung? Welche Kompetenzen sind hier aktuell, welche künftig gefragt? Verfügen die Schlüsselpersonen über alle notwendigen und auch künftig erforderlichen Kompetenzen? Benötigt die Organisation künftig mehr solcher Schlüsselpersonen? Wird es noch andere Schlüsselpositionen geben? Verfügen wir im Unternehmen über Talente, die diese ausfüllen könnten? Wollen wir die fehlenden Talente extern rekrutieren oder intern identifizieren und entwickeln? Wie binden wir erfolgskritische Funktionsträger so ein, dass sie rechtzeitig für neue Aufgaben verfügbar sind?

2.2 Human Resources in der Gesamtverantwortung mit drei Rollen

Auch wenn das Talentmanagement als Querschnittsfunktion eine Aufgabe von Human Resources und oberem Management ist, muss die Gesamtverantwortung bei der Human-Resources-Abteilung liegen. Die für Talentmanagement zuständige Person sieht sich hierbei in drei relevanten Rollen:

Strategischer Planer

Der Talentmanager versteht sich als gesamtverantwortlicher Planer für die Talentmanagement-Strategie, das Konzept und den Prozess. Die Geschäftsführung beziehungsweise der Vorstand legt zunächst den strategischen Rahmen für das Unternehmen fest und determiniert damit die speziellen Notwendigkeiten für Personalentwicklung insgesamt. Dieser Rahmen wird in der Human-Resources-Abteilung auf das Talentmanagement und andere Personalfunktionen herunter gebrochen. Es entsteht eine eigene Talentmanagement-Strategie, die mit der Geschäftsleitung abgestimmt ist und von ihr mitgetragen wird. Durch diese Rolle kann es gelingen, die Akzeptanz der Geschäftsleitung zu gewinnen, indem Personalmaßnahmen als strategisch geplante, wirtschaftliche Investitionen mit kalkuliertem Erfolg und nicht als kostenintensive »nice to haves« angesehen werden.

Kreativer Gestalter

Als kreativer Kopf gestaltet der Talentmanager ein Konzept, das aus eigenen Instrumenten wie Orientierungscenter oder Talentpool besteht und sich zugleich mit anderen womöglich vorhandenen Personalinstrumenten wie Mitarbeitergesprächen und Recruiting strategisch im Prozess verknüpft. Durch diese Verknüpfung werden diese Instrumente gegebenenfalls an die Anforderungen des Talentmanagements angepasst und entsprechend vereinheitlicht.

Talentmanager bewegen sich in ihrer Gestaltung durchaus über den engen Rahmen von Human Resources hinaus und stimmen sich mit Marketing und Presseabteilung womöglich über die Außendarstellung der Arbeitnehmerattraktivität ab.

Verantwortlicher Controller

Da sich der Talentmanager in seiner Querschnittsfunktion auch der Instrumente und Handlungen anderer bedient, muss er zugleich die Rolle desjenigen übernehmen, der die Umsetzung seines Konzepts fortwährend beobachtet, evaluiert und eventuell korrigiert, damit die strategischen Ziele des Talentmanagements erreicht werden. Dazu steht er im permanenten Austausch mit seinen Kollegen in der Personalentwicklung und im Recruiting sowie mit den Führungskräften.

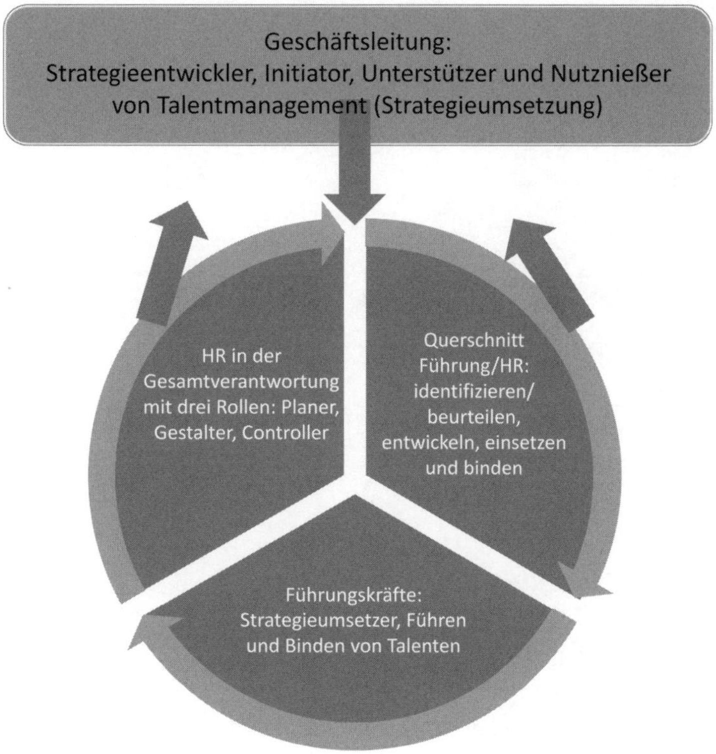

Abb. 10: Strategisches Talentmanagement in der Organisation

Das Kompetenzprofil von Human-Resources-Verantwortlichen muss sich mit diesen neuen Rollen erheblich verändern. Aus unserer Sicht brauchen Talentmanager ein selbstbewusstes und professionelles Auftreten gegenüber dem oberen Management, vor allem indem sie das unternehmerisch-strategische Denken der Geschäftsleitung aufgreifen und in ihre Argumentation einbinden. Sie brauchen Innovationskraft und Standing, um ihre neuen Ideen in die Organisation zu tragen und auch gegen veraltete Mindsets überzeugend vertreten und durchsetzen zu können. Und sie brauchen eine hohe Beratungskompetenz für ihre Rolle als strategischer Partner des oberen Managements und der Linienmanager.

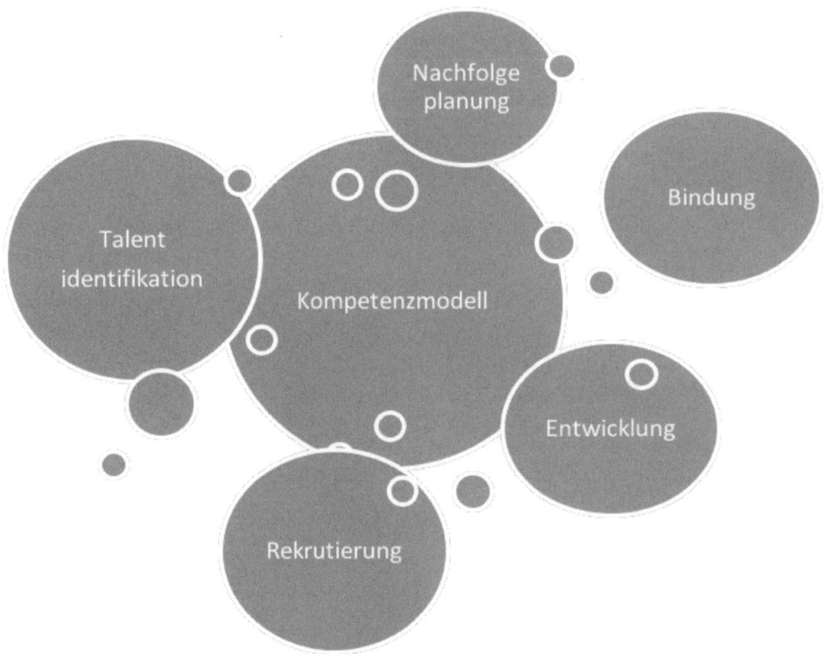

Abb. 11: Verknüpfungen von Human Resources und Talentmanagement

2.3 Führungskräfte sind Talententwickler

Wollen Organisationen in einer komplexen, sich stetig wandelnden Welt erfolgreich bleiben, müssen sie »in einer spezifischen Form lernfähig werden« (Pollack/Pirk 2001, S. 25). Spitzenorganisationen der Arbeitswelt 4.0 zeichnen sich dadurch aus, dass sie das Engagement und Lernpotenzial aller Ebenen einer Organisation erschließen. Dazu müssen die Führungskräfte in diesen

Organisationen Wert legen auf die Erweiterung der Handlungsspielräume, der Potenziale und Wahlmöglichkeiten ihrer Mitarbeiter. Sie werden damit automatisch zu Talentmanagern vor Ort.

Schließlich findet das Talentmanagement auch im Business statt. Die Führungskräfte sollten in der täglichen Arbeit durch Beobachtung und Prüfung ihrer Mitarbeitenden die guten und engagierten Kräfte erkennen, die sich für erfolgskritische Positionen eignen und die es besonders zu entwickeln gilt. Untersuchungen haben jedoch gezeigt, dass etwa die Hälfte aller internen Beförderungen in deutschen Unternehmen Fehlgriffe sind. Hier sollte der Talentmanager die Führungskräfte bei der Beurteilung beraten und mit Instrumenten unterstützen: Wer beispielsweise überdurchschnittliche Leistung zeigt und ambitioniert ist, muss noch kein Talent für weiterführende Aufgaben haben.

Auch einen großen Teil der Entwicklungsarbeit von Talenten müssen die Führungskräfte zunächst selbst leisten, indem sie vielversprechenden Mitarbeitern zunächst neue und herausfordernde Aufgaben oder Projekte zuteilen und dabei beobachten, über welche Kompetenzen jemand schon verfügt. Wie das genau geht, ist den wenigsten klar. Laut der Studie »Global Leadership Forecast« (www.ddiworld.com/glf2014) sagen mehr als 40 Prozent der weltweit befragten Führungskräfte, sie seien nicht in der Lage, Talente auszuwählen und zu entwickeln.

Top Leute zu halten ist ebenfalls Chefsache. Er sorgt mit seiner Führung und Feedbackkultur dafür, dass seine Mitarbeiter sich wertgeschätzt fühlen und immer wissen, wo sie stehen. Durch eine entsprechende Aufgabenverteilung verhindert er, dass engagierte Mitarbeiter unterfordert sind. Sie sollten Perspektiven für den eigenen Berufsweg sehen können und Signale für die Umsetzung erkennen. Letzteres geschieht in Absprache mit dem Talentmanager, der die von den Vorgesetzten benannten Mitarbeiter mit passenden Instrumenten prüft und die Personalentwicklung plant. Das wichtigste Instrument hierfür ist zunächst immer das Mitarbeitergespräch.

In der Regel verwenden Führungskräfte ihre Energie auf die Steuerung von Mitarbeitern, damit diese Fachaufgaben im Gesamtprozess einer Organisation erledigen. Auch wenn sie wissen, dass die Talentförderung in ihrer Verantwortung liegt, ist ihnen »das Hemd oft näher als die Jacke« (Pollack/Pirk 2001, S. 73). Daher bedarf es dazu immer wieder eines Anstoßes aus der Geschäftsführung oder aus der Personalabteilung. Schließlich steht und fällt die Arbeit des Vorgesetzten als Talententwickler mit der Akzeptanz dieser Rolle. Wenn er die Erfahrung macht, dass diese Rolle seiner Abteilung zum Erfolg verhilft und er dadurch engagierte und motivierte Mitarbeiter hat, wird ihn das selbst motivieren. Ermutigung bedeutet es auch, wenn die Performance der Führungskräfte im Talentmanagement in die Beurteilung ihrer Führungsleistung einfließt.

2.4 Kompetenzmodell – Schlüsselpositionen – Aufgabenbeschreibungen

Ein Kompetenzmodell, das aus den Schlüsselpositionen und ihren Aufgabenbeschreibungen abgeleitet ist und durchaus klein und überschaubar sein darf, ist immer die unabdingbare Basis für Talentmanagement.

Kompetenzmodell als Leuchtturm

Ein Kompetenzmodell beschreibt die Verhaltensweisen, die für die Erfüllung von Aufgaben und für das Erreichen von Zielen in einer Organisation erfolgskritisch sind. Unternehmensrelevante Kompetenzen wie Kommunikationsfähigkeit oder Innovationskraft werden darin konkret beschrieben. Es dient der allgemeinen Orientierung der Mitarbeiter und Führungskräfte hinsichtlich der im Unternehmen geforderten Kompetenzen. Indem es wie ein Leuchtturm die Richtung vorgibt, ist es die Basis für Potenzialbeurteilung und Talentidentifikation.

Warum Kompetenzmanagement?

Inzwischen belegen zahlreiche anerkannte Studien den Zusammenhang zwischen beruflichem Erfolg und überfachlichen verhaltensbezogenen Kompetenzen. Wenn eine Person eine Anforderung erfüllt oder ein Ziel erreicht – also Performance erbringt –, liegt dem neben Fachkompetenz und intellektuellen Fähigkeiten in der Regel eine spezifische Art und Weise des Handelns zugrunde. Dies sind die Verhaltenskompetenzen oder Verhaltensdispositionen. »Menschen werden aus fachlichen und intellektuellen Gründen befördert, aber scheitern aus Gründen der emotionalen Kompetenz«

(Goleman 1998). Daher ist es für jedes Unternehmen interessant zu wissen, welche Verhaltensdispositionen notwendig sind, um die geforderten Aufgaben zu erfüllen – insbesondere jene Aufgaben, die erfolgskritisch für die Umsetzung der Geschäftsstrategie sind, die sogenannten Schlüsselfunktionen. Das können Führungs- oder Managementaufgaben sein, aber auch Spezialisten- oder auf die Organisation zugeschnittene Sachbearbeitungsaufgaben. Sie gilt es bei der Zusammenstellung eines Kompetenzkataloges zu berücksichtigen.

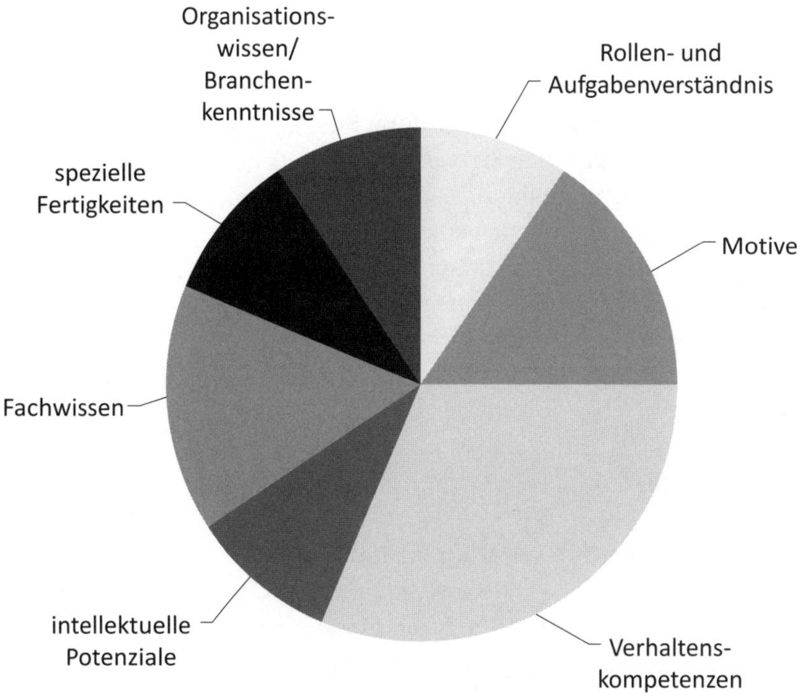

Abb. 12: Sieben Bausteine für den beruflichen Erfolg (Quelle: CNT Gesellschaften für Personal- und Unternehmensentwicklung, Hamburg)

Während Kompetenzmodelle in Großkonzernen als Grundlage für verschiedene Praktiken der Personalbeurteilung wie im Recruiting oder in Mitarbeitergesprächen selbstverständlich sind, gehören sie in kleinen und mittleren Unternehmen in Deutschland noch lange nicht zur täglichen Praxis. Bei der Hälfte der KMU werden Kompetenzen unsystematisch erfasst. Ein übersichtlicher und verständlicher Kompetenzkatalog ist jedoch die grundlegende Voraussetzung für ein gelingendes Talentmanagement.

Das heißt faktisch: Gibt es kein Kompetenzmodell, ist die Einführung von Talentmanagement ein Anlass, dieses zu erstellen. Der Inhalt eines solchen Kataloges ist jedoch nur dann relevant und von Nutzen, wenn die beschriebenen Verhaltenskompetenzen von der Unternehmensstrategie und den Schlüsselfunktionen abgeleitet sind. Innovationsfreude in den Katalog aufzunehmen macht in einer behördlich strukturierten und relativ starren Organisation genauso wenig Sinn, wie die Kommunikationsfähigkeit in einem Dienstleitungsunternehmen wegzulassen. Vielleicht gibt es schon Unternehmensleitlinien, die den Umgang mit den Mitarbeitern und Kunden, mit der Gesellschaft und der Umwelt beschreiben und sich an einem Wertekanon ausrichten. Sie sind oft allgemein gehalten und lassen viel Interpretationsspielraum. Mithilfe eines Kompetenzmodells werden sie in konkrete Verhaltensweisen übersetzt und damit umsetzbar. Aus einer Sammlung berufsrelevanter Verhaltenskompetenzen, die an der aktuellen Strategie orientiert ist, wird ein unternehmensspezifisches Kompetenzmodell. Es mag hilfreich sein, sich den Aufbau und Inhalt von Kompetenzmodellen aus anderen Unternehmen anzuschauen oder die Literatur dazu heranzuziehen und als ersten »Steinbruch« zu nutzen. Am Ende muss ein individualisiertes Modell entstehen, das auf alle anderen Instrumente wie Mitarbeitergespräche oder Recruiting angewendet werden kann.

Qualitätskriterien garantieren Praktikabilität

Das Kompetenzmodell ist der »Erklärungsrahmen für selbstorganisiertes strategiekonformes Handeln in einer Organisation« (vgl. Steinweg 2009, S. 87) und dient zugleich dessen Beurteilung. Nach unserer Erfahrung muss es mindestens sieben Qualitätskriterien erfüllen, damit es in der Praxis anwendbar ist und nicht zum »Schubladentiger« wird:

1. Die Kompetenzen sind aus der Unternehmensstrategie abgeleitet, passen zu Leitlinien und Werten und sind mit der Geschäftsleitung abgestimmt.
2. Das Kompetenzmodell enthält klar unterscheidbare und trennscharf formulierte Kompetenzen.

Abb. 13: Sieben Qualitätskriterien für ein praktikables Kompetenzmodell

3 Jede Kompetenz ist mit knappen, konkreten Verhaltensankern operationalisiert und damit messbar.

4 Die Formulierungen sind verständlich, möglichst selbsterklärend und passen zur Unternehmenssprache.

5 Die beschriebenen Kompetenzen sind berufsbezogen und lassen sich mit in der Wirtschaft gängigen objektiven Verfahren messen sowie in Mitarbeitergesprächen anwenden.

6 Das Kompetenzmodell ist anwenderfreundlich, indem es eine gute Balance zwischen professioneller Komplexität und praxisorientierter Überschaubarkeit darstellt (12 bis 50 Kompetenzen).

7 Die oberste Führungsebene und die Inhaber der Schlüsselpositionen wurden bei der Entwicklung des Kompetenzmodells einbezogen.

Definition der Schlüsselpositionen

Es wurde schon deutlich, dass die Erstellung eines Kompetenzmodells untrennbar verbunden ist mit der Definition der Schlüsselpositionen, die für den aktuellen und künftigen Unternehmenserfolg relevant sind. Schlüsselpositionen beinhalten die Handlungsfelder und Aufgabenbereiche, die für die Erreichung der Geschäftsfeld- und Unternehmensziele entscheidend sind. Die Inhaber der Positionen haben in der Regel Spezialkenntnisse, persönliche Kompetenzen und ein Organisationswissen, das nicht ohne weiteres ersetzbar ist. Für den Ausbau und die Nachfolgeregelung in diesen Schlüsselfunktionen bedarf es eines systematischen Talentmanagements. Je nach Unternehmen handelt es sich nur um eine Handvoll Positionen, es können aber auch an die 100 sein. Sind diese gefunden und definiert, müssen die jeweils erforderlichen und erfolgskritischen Handlungsweisen über die Beschreibung der Rollen und Aufgaben erfasst werden. Ergebnis ist eine Sammlung von Verhaltensanforderungen und Kompetenzen, die zu aktuellen Stellenanforderungen und Stellenbeschreibungen und später zu Anforderungsprofilen bearbeitet werden kann.

2.5 Transparenter Prozess und objektive Personaldiagnostik

Ganz egal, wie der unternehmensspezifische Prozess zur Identifikation, Förderung und Positionierung der Talente ausschaut: Er sollte unbedingt im Unternehmen kommuniziert sein, und die wesentlichen Informationen darüber sollten für Mitarbeiter wie Führungskräfte abrufbar sein (zum Beispiel im Intranet). Für diese Transparenz sind in erster Linie die Human-Resources-Abteilung und speziell der Talentmanager zuständig. Zwei Gründe sprechen dafür:

- Akzeptanz: Die Führungskräfte als Talententwickler sollten ihre Mitarbeiter nach bekannten und vergleichbaren Kriterien beobachten. Über die damit produzierte Fairness entsteht eine Akzeptanz im Unternehmen auch bei denjenigen, die nicht in einen Talentpool kommen.
- Bindung: Begabte und engagierte Mitarbeiter sehen mögliche Förder- oder Karrierewege für sich im Unternehmen und haben die Möglichkeit, eine Einschätzung einzufordern, auch wenn die eigene Führungskraft dies versäumt.

Das grundlegende Element des Talentmanagement-Prozesses ist dabei die Talentidentifikation. Da die Führungskräfte als Talententwickler on the Job fungieren, liegt es nahe, ihnen auch diese Beurteilungsaufgabe zu überlassen. Schließlich sind sie ja in der Regel täglich mit der Leistungserbringung ihrer Mitarbeiter konfrontiert. Das jedoch ist genau der Haken: Führungskräfte beurteilen die Performance ihrer Mitarbeiter. Sie können Fragen beantworten wie: Hat mein Mitarbeiter die ihm gestellte Aufgabe erfüllt? Oder hat er sogar mehr geleistet? Hat jemand die passenden Fachkenntnisse? Hat er seine Ziele erreicht? Schwieriger wird es jedoch für Vorgesetzte, wenn sie die dahinterliegenden Kompetenzen oder gar Motive benennen sollen. Dies geschieht allzu oft aus dem Bauch heraus. Dabei sind es gerade die Kompetenzen und Motive, also die Art und Weise des Tuns, welche die Performance einer Person überdurchschnittlich oder unterdurchschnittlich werden lassen (siehe Abb. 12, S. 37). Und diese Kompetenzen und Motive lassen auch den Schluss auf ein höheres Potenzial zu. Allein die aktuelle Performance gibt keinen validen Hinweis auf das Potenzial.

Daher ist eine höhere Objektivität in der Mitarbeiterbeurteilung erfolgskritisch, gerade auch dann, wenn Talente identifiziert werden sollen. Ein wesentlicher Faktor hierfür ist das Kompetenzmodell, aus dem klare und einheitliche Kriterien für die Mitarbeiterbeurteilung ableitbar sind. Dies sollte in die jährlichen Mitarbeitergespräche Eingang finden. Bezieht man in dem Zusammenhang auch die Einschätzung der Mitarbeiter selbst ein, gewinnt der Identifikationsprozess an Objektivität. Darüber hinaus kann die Führungskraft mit einem objektiven Potenzialanalyseverfahren arbeiten, sofern es den Kriterienkatalog in etwa abdeckt. Jährliche Talentkonferenzen, in denen Führungskräfte ihre eigenen Einschätzungen durch Austausch relativieren, runden das Vorgehen ab.

Für die weitergehende objektive Identifikation von Talenten speziell zur Erstellung von Talentpools sind Verfahren wie Orientierungscenter und Führungs-Assessments mit geschulten Beobachtern sowie arbeitswissenschaftlich fundierte Potenzialanalysen und Motivationstests unverzichtbare Instrumente.

2.6 Talentmanagement als integraler Bestandteil der Nachfolgeplanung

Einer der wesentlichen Gründe für ein systematisches Talentmanagement im Unternehmen ist die Notwendigkeit, möglichst zeitnah frei werdende Schlüsselpositionen und Führungsaufgaben mit passenden Nachfolgern zu besetzen. Nachfolgemanagement ist Teil des Risikomanagements für ein Unternehmen, denn es sichert Stabilität in der Unternehmensführung und Kontinuität in der Umsetzung der Geschäftsstrategie. Dabei ist Nachfolgeplanung »kein isolierter Prozess und erst recht keine Trockenübung der Personalabteilung. Sie sollte vielmehr integraler Bestandteil einer jeden Führungsaufgabe sein. Die Personalabteilung übernimmt in der Regel mehr eine Steuerungs- und Governancerolle« (Breiski 2015, S. 14).

Die vornehmliche Aufgabe der Führungskräfte besteht hierbei zunächst darin, frühzeitig einen Stellvertreter und möglichen Nachfolger für ihre Position zu identifizieren. Auch wenn Vorgesetzte glauben, dies ohne weiteres aus dem Bauch heraus richtig zu machen, da sie ihre Mitarbeiter kennen, zeigt die Erfahrung, dass die Auswahl zumeist nach dem Prinzip der »homosozialen Rekrutierung« erfolgt. Das heißt, Vorgesetzte suchen unbewusst nach den Stellvertretern und Nachfolgern, die ihrem »Mindset« und ihrem Führungsstil am meisten entsprechen. Dies ist übrigens auch der Grund, warum es immer noch so wenige Frauen in die Führungsetagen schaffen: Dort gibt es wenige! Das Ähnlichkeitsprinzip kann passen, wenn man der Unternehmenskultur folgen will. Sollen aber die Prinzipien »Talent«, »Potenzial«, »Vielfalt« und »Gleichberechtigung« gelten, passt es nicht. Sollte sogar über den Generationenwechsel ein Kulturwandel in Richtung innovative Führung oder Internationalität erfolgen, bremsen solche Nachfolgeentscheidungen die Organisationsentwicklung aus.

Daher sollte der Personalbereich Führungskräfte bei Nachfolgeregelungen entsprechend unterstützen. Diese werden mit den Instrumenten des Talentmanagement objektiver und vor allem strategisch ausgerichtet. Erfolgreiches Nachfolgemanagement bedeutet, dass Talente im eigenen Unternehmen rechtzeitig entdeckt und aufgebaut werden.

Die weitere Aufgabe von Führungskräften ist es daher, die Unternehmensentwicklung im Blick zu haben und die richtigen Personen für verantwortungsvolle Positionen im Unternehmen zu identifizieren und entsprechende Entwicklungen anzustoßen. Hierfür sind Kenntnisse des Unternehmens, Führungsnetzwerke und die Beziehungspflege mit Talentmanagern unabdingbare Voraussetzungen.

2.7 Immer wieder Evaluation

In vielen Unternehmen wird unter der Evaluation von Human-Resources-Initiativen eher das Ausfüllen »softer« Fragebögen verstanden als der erweiterte Blick auf wertvolle Kennzahlen. Wir erachten die Evaluation als ein großes und wichtiges Herzstück, das alle Elemente des Talentmanagement-Zyklus erfasst und vernetzt. Dieses Steuerungsinstrument erlaubt es, rasch auf Bewegungen im Unternehmensumfeld zu reagieren. Es beeinflusst ganz wesentlich die Nachhaltigkeit der Initiativen und letztlich der Investitionen. Folgende Messeinheiten sind wichtig:

- Wie hoch ist die Quote der vakanten Schlüsselpositionen?
- Konnten Schlüsselpositionen rechtzeitig besetzt werden bzw. wie lange waren sie vakant?
- Bekleiden geförderte Mitarbeiter, speziell Frauen, höhere Positionen?

- Wie ist das Verhältnis zwischen den geförderten Mitarbeitern und der Fluktuationsrate?
- Hat die Identifikation mit dem Unternehmen zugenommen?
- Wie zufrieden sind Sie mit den Leistungen und dem Engagement der Mitarbeiter?
- Stehen die Kosten für Ihr Talentmanagement im Verhältnis zum Ertrag? Beachten Sie hierfür auch den Aufwand, den Sie für eine Rekrutierung auf dem externen Arbeitsmarkt betreiben müssten!

Letztlich geht es darum, sich ein individuelles Kennzahlencockpit für das Talentmanagement zu erarbeiten. Für uns gilt dabei der Grundsatz: »Nur so viel Kennzahlen wie notwendig, aber keine Kennzahl ohne Wort und Stimme«.

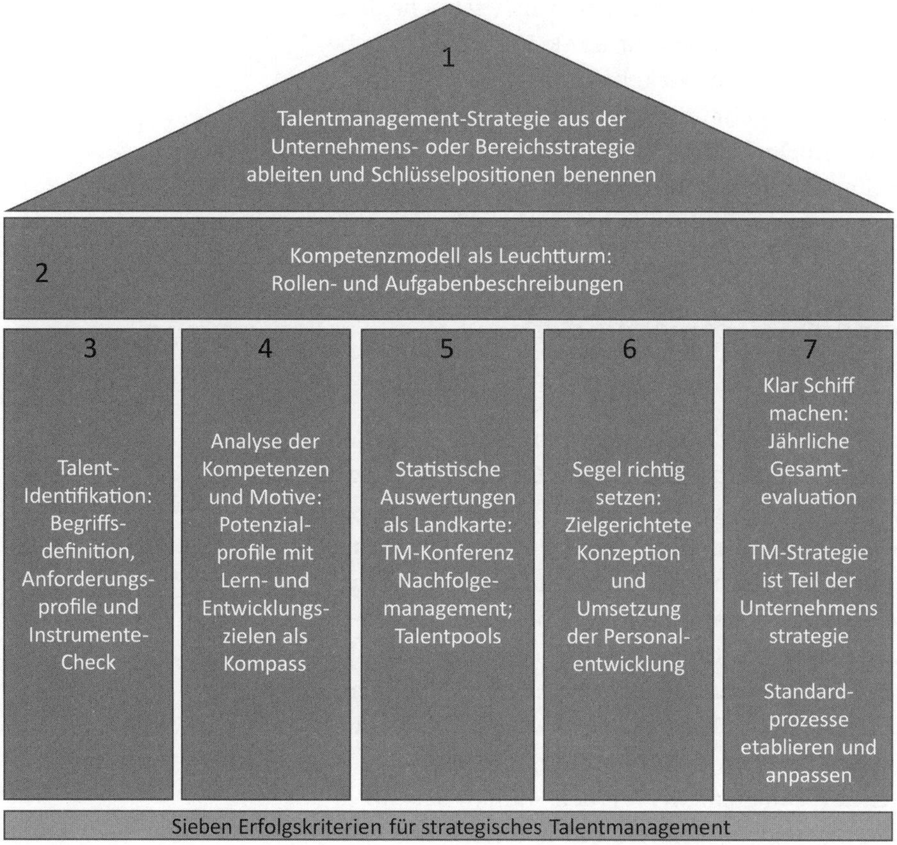

Abb. 14: Haus der Orientierung

3. So gehen Sie vor: 7 Schritte und mögliche Stolpersteine

In diesem Kapitel erläutern wir sieben Schritte, die für das Talentmanagement aus unserer Erfahrung sinnvoll und notwendig sind. Sie dienen in der Vorbereitung und Planungsphase als Raster und in der Durchführungsphase als Kontrollinstrument. Dabei sollte das Raster nicht zu zwanghaftem Handeln führen. Es gibt durchaus Schritte, die mitunter sehr klein ausfallen oder sogar erst rückwirkend erfolgen. So stellte sich im Verlauf eines Prozesses heraus, dass die zugrunde liegende Bereichsstrategie nicht viel mehr als eine bloße Absichtserklärung war. Sie wurde erst später als wirkliche Strategie erarbeitet. Dennoch hat die Personalabteilung dank dieser Zielvorgabe eine kleine Talentmanagement-Strategie entwickeln können.

Es kann auch sein, dass Teilschritte nicht möglich oder sogar unerwünscht sind. Nicht jedes Unternehmen möchte eine ausführliche statistische Auswertung, zuweilen ist die untersuchte Gruppe zu klein, als dass sich ein kompliziertes Kennzahlencockpit lohnen würde.

3.1 Die Talentmanagement-Strategie aus der Geschäftsstrategie ableiten

Aus dem von uns definierten Talentbegriff ergibt sich zwangsläufig die Notwendigkeit, die Talentsuche und Talentförderung mit der Geschäftsstrategie oder einer Bereichsstrategie zu verknüpfen. Lautet doch immer die Frage: Talent für was? Konkret stellt sich also immer die Frage: Für welche Herausforderung braucht das Unternehmen welche speziellen und besonders qualifizierten Mitarbeiter in welchen Funktionen und in welcher Zahl?

Zunächst gilt es, die aktuellen und künftigen Herausforderungen des Unternehmens oder Bereichs zu beschreiben. Das kann in schriftlicher Form, idealerweise als Strategiepapier, schon vorliegen oder muss erstellt werden. Dafür bietet sich ein Workshop an, an dem mindestens ein Vertreter der Geschäftsführung und Vertreter des Managements mit den Human-Resources-Verantwortlichen den Teil der Strategie benennen und konkretisieren, der einen Talentmanagement-Prozess erfordert. Einfacher ist es, als Human-Resources-Verantwortlicher ein ausführliches Interview mit der Geschäftsführung zu machen und die Ergebnisse zur Abstimmung zusammenzufassen. Hier geht es jedenfalls immer um zwei Dinge:

- Zu einem gemeinsamen Verständnis gelangen: Die Verantwortlichen für das Talentmanagement müssen ein tieferes Verständnis für die Ziele und Belange der Geschäftsführung entwickeln. Das unternehmerische Denken muss ein Teil ihrer inneren Haltung werden.
- Strategie ableiten: Aus dieser Haltung heraus können Personalentwickler und Talentmanager ihre Strategie ableiten. Sie wird anschließend mit der Geschäftsführung abgestimmt, welche die notwendigen Ressourcen zur Verfügung stellt. Bei einer solchen Vorgehensweise wird kein Personaler die Erfahrung machen, dass die von ihm geplanten Maßnahmen als zu teuer oder als »nice to have« abgetan werden, denn seine Rolle ist hier die eines strategischen Partners des Managements.

Bisher führen Human-Resources-Abteilungen allzu oft ein Eigenleben, indem sie ihre Rollen und Aufgaben selbst definieren. Stattdessen sollten sie ihre Aktivitäten an den Unternehmenszielen ausrichten. Dazu ist es unabdingbar, die Human-Resources-Strategie aus der Unternehmensstrategie abzuleiten, schriftlich festzuhalten und von der Geschäftsführung verabschieden zu lassen. Das tut laut der Kienbaum-Studie heute noch weniger als die Hälfte aller Human-Resources-Abteilungen. Kein Wunder also, dass sich diese Personaler nicht durchsetzen, wenn sich ihre Aktivität und Argumentation nicht an den »business needs« orientieren (Nagler 2013, S. 78 ff.).

Vision oder Wirklichkeit? Abbildung 15 zeigt: Die Ausrichtung an künftigen Herausforderungen und an der Strategie sollte die eine Hälfte der Personalfunktion ausmachen. Personalmanagement und Personaldienstleistung, also das operative Geschäft, stellen die andere Hälfte dar.

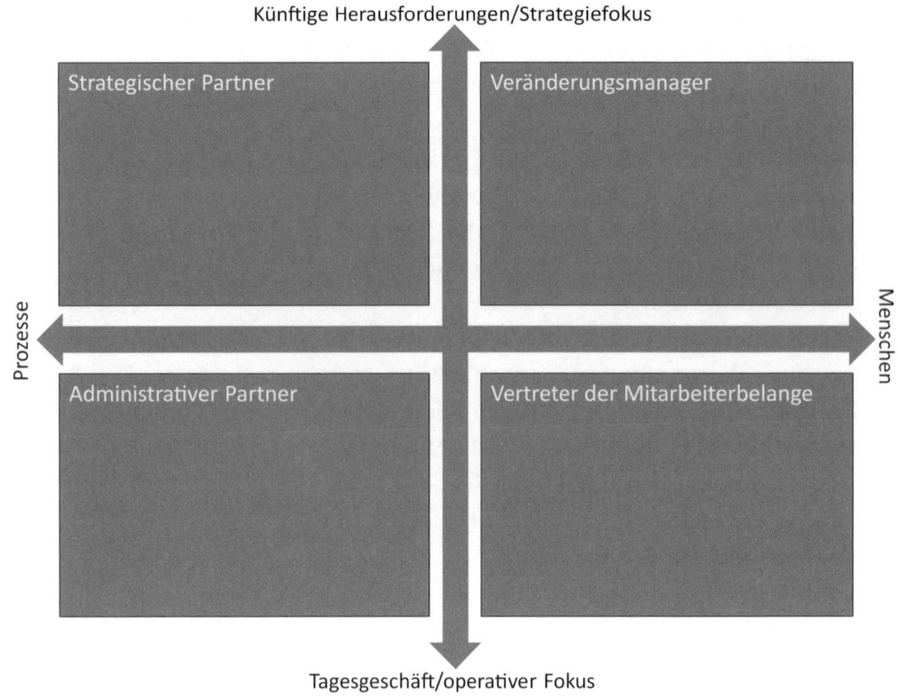

Abb. 15: Rollen und Ausrichtung der Personalfunktion in modernen Unternehmen (nach Ulrich 1997)

Auch wenn es keine explizite Unternehmensstrategie gibt, wie es in mittelständischen oder kleinen Unternehmen der Fall sein kann, muss sich Talentmanagement an anderen Parametern ausrichten, die vom Management ausgegeben werden. Das können Bereichsziele im Sinne von Produktverbesserungen, Standortschließungen, neue Vertriebsstrategien oder Ziele des Topmanagements sein. Hier gilt es jeweils zu prüfen, inwieweit sie für das Talentmanagement relevante Forderungen enthalten. Das Fehlen einer übergeordneten Strategie entschuldigt nicht den Verzicht auf eine Strategie für das Talentmanagement, die sich oftmals durch den intensiven Austausch und Workshops mit dem Management und den Schlüsselpersonen in der Organisation definieren lässt (vgl. Hölzle 2010, S. 85).

Welche Schlüsselpositionen ergeben sich daraus?

Wesentlicher Bestandteil der Strategie ist die Bestimmung der relevanten Schlüsselpositionen, um die es in dem geplanten Talentmanagement gehen soll. Schlüsselpositionen können sich im Laufe der Unternehmensentwicklung ändern. Vor 30 Jahren konnten sich nur wenige Menschen vorstellen, dass die Position des IT-Leiters einmal für fast alle Unternehmen eine Schlüsselposition sein würde. In Zeiten, in denen ein Unternehmen mit seinen Produktinnovationen auf dem Markt brilliert, sind die kreativen Produktentwickler wahrscheinlich die Schlüsselmitarbeiter. Haben andere Unternehmen mit vergleichbaren Produkten gleichgezogen, kommt es auf die Vermarktung und den Vertrieb an. In einer solchen Situation braucht das Unternehmen Verkäufer mit speziellen Fähigkeiten, die sie von anderen Verkäufern unterscheiden. Das Unternehmen oder der Bereich muss dafür seine aktuellen und künftigen Herausforderungen untersuchen und die relevanten Mitarbeitergruppen benennen. Die Ableitung der Strategie und die Benennung der Schlüsselpositionen sollten in demselben Workshop mit der Geschäftsleitung und dem Management erfolgen. Zugleich kann man mit gezielten Fragen auch die dafür erforderlichen grundlegenden Kompetenzen explorieren.

Stolpersteine in der Praxis

- ein geringes strategisches Verständnis bei den Verantwortlichen in der Human-Resources-Abteilung
- keine regelmäßige und qualifizierte Kommunikation zwischen Human Resources und Geschäftsführung
- eine zu allgemeine oder gar keine Strategie (z. B. bei kleinen Unternehmen)
- kurzsichtiges Denken und Handeln, sei es aus Gewohnheit oder weil man bislang damit durchkam
- Die Strategie steht fest, aber der Talentbegriff bleibt zu allgemein und unbestimmt. Wird er nicht immer wieder neu aus der Strategie heraus definiert, werden Talentpools zu allgemein und lösen Unzufriedenheit aus.

3.2 Kompetenzmodell als Leuchtturm

Ein Kompetenzmodell reflektiert die überfachlichen und erfolgskritischen Kompetenzen der Mitarbeitenden, die für die Leistungsfähigkeit eines Unternehmens wichtig sind. Dies kann sich zunächst auf die Gegenwart beziehen und die aktuellen Herausforderungen und Aufgabenstellungen im Fokus haben. Es sollte aber immer auch einen strategischen Aspekt beinhalten und daher den Blick auf die künftige Unternehmensentwicklung einbeziehen. Das heißt, hier kommen womöglich weitere Kompetenzen in den Fokus, die erst in zwei bis fünf Jahren von hoher Relevanz sind.

Wozu ist ein Kompetenzmodell wichtig?

Das Kompetenzmodell gibt eine Orientierung über Erwartungen und Anforderungen. Es behandelt die grundlegenden überfachlichen Kompetenzen, nicht die formalen Qualifikationen. Es ist ein unabdingbares Basisinstrument für die Beurteilung und Auswahl von Mitarbeitern für neue Positionen, für die Nachfolgeplanung sowie für die Mitarbeiterführung und -entwicklung. Der Erfolg eines Unternehmens steht und fällt mit den Menschen, die hier ihr Engagement und ihre Kompetenzen einbringen.

Welche Kompetenzen speziell gefragt sind, ist in jedem Unternehmen je nach Produkt, Dienstleistung, Aufgabe und Kultur unterschiedlich. Neben speziellem Fachwissen und Methodenkenntnissen sind überfachliche Verhaltenskompetenzen wichtig, um sich und ein Produkt oder eine Dienstleistung angemessen zu präsentieren, Probleme zu lösen und Aufgaben zu erfüllen. Jedes Kompetenzmodell beschreibt daher die grundlegenden Verhaltenskompetenzen für das jeweilige Unternehmen oder einen speziellen Bereich und in welchen konkreten Verhaltensweisen sie sichtbar werden.

Fest steht: Die überfachlichen Kompetenzen und die Motive einer Person sichern zu mehr als 50 Prozent ihren Berufserfolg. Je mehr von diesen Kompetenzen vorhanden sind, desto erfolgreicher ist eine Person im Unternehmen. Nicht für jede Position sind alle diese Kompetenzen in gleich hoher Ausprägung gefragt. Je nach Geschäftsfeld, Produkt oder Aufgabe sind die Anforderungen unterschiedlich (vgl. dazu unsere ausführliche Einleitung zum Kompetenzmodell für den Agenturvertrieb der Versicherungskammer Bayern, S. 122).

Was sind eigentlich Kompetenzen?

Der Kompetenzbegriff ist in der Wirtschaft vieldeutig. Hier ist die Rede von Kenntnissen, Erfahrungen und Handlungsmustern, dort von überfachlichen Fähigkeiten. Noch weniger kann man von einem einheitlichen Verständnis oder gar einer gemeinsamen Vorgehensweise zur Kompetenzerfassung innerhalb eines Unternehmens ausgehen. Dies sind aber Grundvoraussetzungen für eine faire und möglichst objektive Einschätzung der Mitarbeiter sowie für eine gezielte Personalentwicklung.

Kompetenzen sind Dispositionen selbstorganisierten Handelns. Sie sind im Spannungsfeld zwischen den Bedürfnissen und Anforderungen einer Person sozial erworben. Im Unterschied zu Qualifikationen (Wissen und Fertigkeiten) sind sie Selbstorganisationsdispositionen. Sie sind nicht direkt prüfbar, sondern nur aus der tatsächlichen Performance, das heißt der Anwendung und dem Gebrauch von Kompetenzen zu erschließen. Sogenannte Schlüsselqualifikationen (wie z. B. Kritikfähigkeit oder Kooperation) zählen trotz ihres Namens zu den Kompetenzen. Sie haben ebenso wie Motive einen direkten Einfluss auf die Leistung einer Person.

Definition »Kompetenzen« (nach Erpenbeck/Rosenstiel, S. XI ff.)

Kompetenzen sind lern- und entwickelbar

Anders als Wissen und Fertigkeiten sind Kompetenzen relativ dauerhafte Dispositionen, mit denen Menschen ergebnisorientiert auf soziale Anforderungen oder Arbeitsanforderungen reagieren. Sie werden daher auch »Verhaltensdisposition« und »Verhaltensmuster« genannt. Es erfordert Zeit und Anstrengung, um Kompetenzen zu entwickeln. Oftmals wachsen sie durch bestimmte (berufliche) Anforderungen nach und nach wie von selbst. Kompetenzen werden durch persönlichkeitsentwickelnde Trainings und Coachings gefördert, aber erst im stetigen Transfer erreicht und gefestigt.

Kompetenzen beeinflussen einander und können sich ergänzen. Sie sind allerdings nicht dasselbe wie Performance oder Arbeitsleistung, sondern deren Voraussetzung. Kontaktfähigkeit ist beispielsweise eine von mehreren Kompetenzen, die einen Verkäufer erfolgreich machen. Ohne sie bleiben Verkäuferschulungen wahrscheinlich erfolglos. Die Performance des Verkäufers kann man als Vertriebszahlen messen, die Kontaktfähigkeit kann man nur beobachten oder über einen wissenschaftlichen Test erfassen. Kompetenzen sind auch nicht Persönlichkeits- oder Grundeigenschaften.

Letztere sind vererbt oder früh erworben und haben auf die berufliche Leistung keinen direkten Einfluss.

Bestimmte Kompetenzen wie Lernbereitschaft, Ausdauer oder Systematik sind gute Voraussetzungen dafür, sich bestimmte kognitive und soziale Fähigkeiten (Gesprächsführung, professionelles Feedback geben) oder Fertigkeiten (Programmieren, Klavierspielen) anzueignen.

Das konkrete Verhalten von Menschen passt sich oftmals kurzfristig an eine akute Leistungsanforderung an, ist aber nicht zwingend ein Hinweis auf ein zugrunde liegendes, dauerhaftes und komplexes Verhaltensmuster (oder eine Disposition). So kann sich ein Kandidat in einer Bewerbungssituation durchaus sehr kooperativ zeigen, im Berufsalltag jedoch ein Einzelgänger sein.

Das Persönlichkeits- und Leistungs-Grid zeigt, dass erlernte Fähigkeiten und das Know-how zwar direkt die Leistung beeinflussen; es zeigt aber auch, dass beides ebenso schnell, wie es erworben wird, auch wieder verloren gehen kann. In Bereichen, in denen die Halbwertzeit von Wissen und Know-how nur einige Jahre beträgt, sind eher stabile Verhaltensmuster wichtig, die die Personen kontakt- und anpassungsfähig machen. Dazu gehören Lernfähigkeit, Flexibilität oder Innovationsfreude.

Das Grid zeigt, dass Verhaltensdispositionen, Motive, Werte und die Lernfähigkeit von Personen relativ stabil sind. Durch wechselnde Anforderungssituationen oder durch Coaching und Training sind sie jedoch veränderbar. Und anders als Grundeigenschaften haben sie einen relativ direkten Einfluss auf die Leistung. Für Unternehmen und Mitarbeitende ist es daher wichtig, die Verhaltensdispositionen und Motive zu kennen, geben sie doch am verbindlichsten Auskunft über das, was relativ stabil ist und einen direkten Einfluss auf die Leistungsfähigkeit hat: aktuell gefragte Kompetenzen und Potenzial für künftige Schlüsselaufgaben. Die Werte einer Person sagen etwas über ihre innere Haltung, vielleicht auch über ihr Leistungsverständnis aus. Sie sollten weitgehend zu denen des Unternehmens passen.

PERSÖNLICHKEITS-/LEISTUNGS-GRID

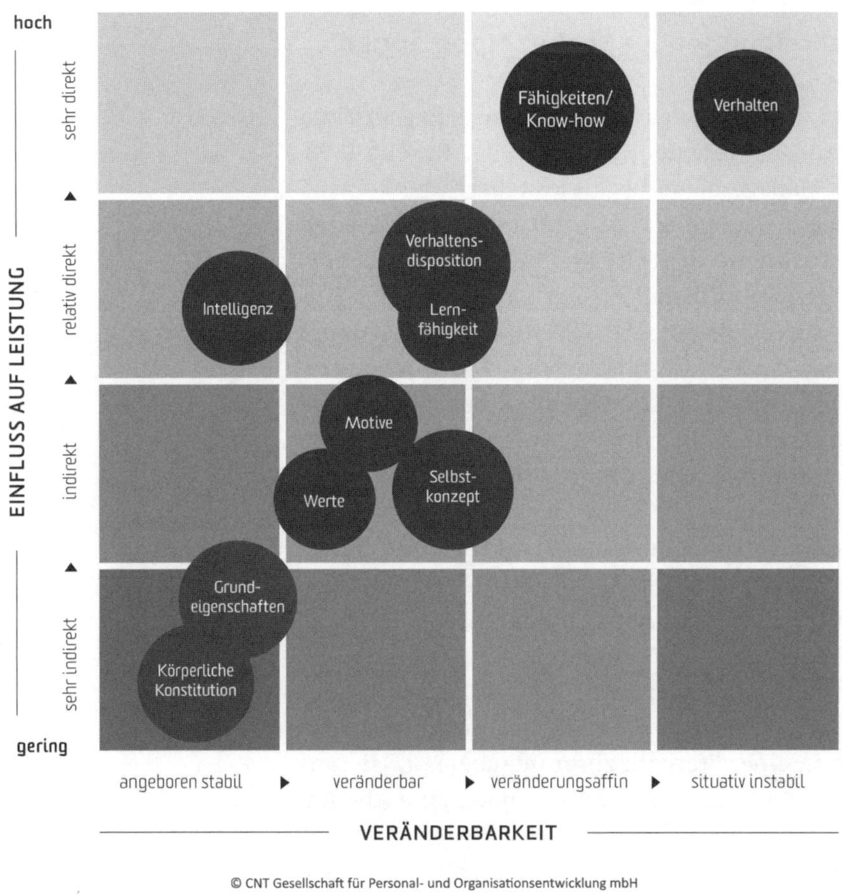

Abb. 16: Persönlichkeits-/Leistungs-Grid (Quelle: CNT Gesellschaften für Personal- und Unternehmensentwicklung, Hamburg)

In ein Kompetenzmodell gehört also ein allgemeinverbindlicher Kanon an Verhaltensdispositionen, Motiven und womöglich auch Werten, die für das Unternehmen als mittelfristig wichtig, also erfolgskritisch angesehen werden. Wie dieser Kanon für das eigene Unternehmen genau aussieht, darauf sollten sich die Geschäftsführung und das Management einigen. Hierbei kann und muss die Human-Resources-Abteilung eine steuernde und moderierende Rolle übernehmen. Das gilt genauso für die Definition und Beschreibung der Schlüsselpositionen. Sie dienen zunächst als Basis für die Kompetenzsammlung.

Aufgaben- und Rollenbeschreibungen für Schlüsselpositionen

Welche Positionen aktuell und künftig für das Unternehmen erfolgskritisch und nicht ohne weiteres neu zu besetzen sind, wissen in der Regel die Positionsinhaber weniger als das Management, das diese steuert und kontrolliert. Daher sollte eine gemischte Gruppe aus dem oberen und mittleren Management die Aufgabe übernehmen, die Schlüsselpositionen zu benennen und zu analysieren. Es ist ein wesentlicher Erfolgsfaktor, dass sich Personen jenseits von Human Resources als eine Art »Personalprojektgruppe« verbindlich bereit erklären, sich an der Gestaltung und Einführung des Talentmanagements zu beteiligen und ihre Praxissicht einzubringen. Sind die Schlüsselpositionen benannt, gilt es hierfür die Aufgaben und Rollen zu beschreiben. Handelt es sich um zwei oder drei Positionen, kann das in einem gemeinsamen Workshop bewerkstelligt werden. Möglich wäre es auch, die jeweiligen Positionsinhaber mithilfe eines strukturierten Fragebogens zu ihren Aufgaben zu interviewen. Die Auswertung der Ergebnisse kann sehr aufwendig sein. Hilfreich hierfür hat sich aus unserer Sicht die Nutzung eines webbasierten Fragebogens (FAP) erwiesen, den die Mitglieder der Arbeitsgruppe und einige Positionsinhaber ausfüllen. Die Ergebnisse der systematischen Befragung zu Anforderungen, Tätigkeiten und Herausforderungen werden automatisch in einer Statistik zusammengefasst. Hieraus lässt sich leicht eine Textversion erstellen, die dann nur noch eine Abstimmungsschleife erfordert.

Das Ergebnis sind relativ kompakte Aufgaben und Rollenbeschreibungen, aus denen das Human Resources Management gemeinsam mit Beratern eine erste Sammlung von Kompetenzen ableitet – den »Steinbruch« für das unternehmensspezifische Kompetenzmodell.

Führungskräfte, Topmanagement und Personal ziehen an einem Strang

Ist einmal eine erste Sammlung relevant erscheinender Kompetenzen zusammengestellt, gilt es, diese genau zu prüfen, zu sortieren und auf das Wesentliche zu reduzieren. Es gibt Unternehmen, die mehr als 180 Kompetenzen in ihrem Kompetenzmodell haben. Das ist bei weitem zu viel und führt dazu, dass am Ende niemand damit arbeitet oder sich Einzelne daraus beliebige Kompetenzgruppen für ihre Zwecke zusammenstellen. Es hat sich herausgestellt, dass eine Anzahl von 15 bis höchstens 40 Kompetenzen sinnvoll ist. Damit erreicht man die notwendige Differenzierung und zugleich eine praxistaugliche Reduzierung von Komplexität.

Damit sich alle Beteiligten und auch die späteren Nutzer einig über die Bedeutung der Kompetenzen sind, braucht jede Basiskompetenz eine Beschreibung ihrer Teilkompetenzen. Die Einzelkompetenzen wiederum werden durch ihre Operationalisierung definiert. Bei der Suche nach der jeweiligen Operationalisierung ist immer die Frage hilfreich: Woran merke ich, dass jemand beispielsweise über Selbstbehauptung verfügt? Die passende Operationalisierung beschreibt dann das dazugehörige Verhalten: »Setzt seine Interessen und Meinungen durch, scheut dabei nicht den Konflikt«.

Diese Arbeit zu leisten ist Aufgabe einer Projektgruppe aus Managern der Unternehmensführung. Ob das in einem Workshop geschieht oder über eine systematische Abfrage hängt von der Verfügbarkeit und dem Engagement der Beteiligten ab. Sinnvoll erscheint uns eine Mischung aus beidem: Im Workshop mit einer überschaubaren Projektgruppe liegt das über Excel abgefragte Ergebnis vor und wird dann gemeinsam zu einem praxistauglichen Kompetenzmodell zusammengeführt. Den Feinschliff übernimmt wieder die Human-Resources-Abteilung in ihrer Rolle als Treiber und Organisator für den Prozess.

Das ausgearbeitete Kompetenzmodell wird schließlich mit der Geschäftsführung auf seine strategische Relevanz und Klarheit geprüft. Gegebenenfalls bestehen nach der Prüfung Änderungswünsche: Schärfung der Begrifflichkeiten, Erweiterungen oder Kürzungen. Diese Veränderungen können aber auch nach der ersten Praxisphase eingearbeitet werden. Denn erfahrungsgemäß gibt es nach der ersten Evaluation noch das eine oder andere an »Feinschliff« zu tun. Insgesamt ist das Kompetenzmodell als lebendiges

Instrument anzusehen, das immer wieder angepasst werden sollte, sobald sich das Unternehmen aufgrund von Wachstum oder Innovation verändert.

Das Ergebnis: Ein Beispiel und viele Varianten

Unser Beispiel zeigt einen Auszug aus einem allgemeinen Kompetenzmodell mit Basiskompetenzen, Einzelkompetenzen und den jeweiligen Operationalisierungen. Die Operationalisierungen nennt man auch Verhaltensanker. Sie helfen, Talente in allen Ebenen zu identifizieren, und können auch als Leitfäden für Beurteilungsverfahren genutzt werden.

Unser Beispiel zeigt einen Ausschnitt aus einem Kompetenzmodell, das in sechs große Bereiche unterteilt ist:

1. unternehmerisches Denken und Handeln
2. Kommunikation und Beziehungsgestaltung
3. Konfliktfähigkeit
4. Selbstorganisation
5. Führungskompetenz
6. allgemeines Entwicklungspotenzial

Abb. 17: Allgemeines Kompetenzmodell

Basiskompetenzen	Einzelkompetenzen	Operationalisierung
Führungskompetenz	Motivationsvermögen	▪ Menschen gewinnen, begeistern und überzeugen, durch Zielorientierung, Selbstbehauptung, Empathie und Authentizität (persönlicher Draht und offener, wertschätzender Umgang/Selbstbeherrschung) ▪ Anerkennung zeigen, Feedback geben
	Entscheidungsstärke	▪ Entscheidungen treffen ▪ Risikofreude zeigen
	Orientierung geben	▪ Richtung weisen, Menschen auf Ziele einstimmen, Gefolgschaft finden, Führungsrolle einnehmen, Feedback geben, Vorbild sein

Basiskompetenzen	Einzelkompetenzen	Operationalisierung
	Steuern von Performance und Zielerreichung	■ Ziele setzen, Zielerreichung reflektieren, Struktur vorgeben, Umsetzung steuern, auf Lösungen hinwirken, Einfluss nehmen, kontrollieren ■ motiv- und kompetenzgerecht Aufgaben delegieren, Selbstverantwortung fördern ■ Dynamik von Teams kennen und zielorientiert steuern, Zusammenarbeit fördern ■ Dinge durchsetzen, Standing zeigen
Konfliktfähigkeit	Konflikte erkennen und aktiv angehen, Diplomatie	■ eigene Belange und Bedürfnisse, aber auch die anderer wahrnehmen bzw. berücksichtigen, Unterschiedlichkeit wertschätzen und als Chance annehmen, Lösungen aktiv herbeiführen ■ in Konflikten zwischen Personen und Gruppen vermitteln, Diplomatie zeigen

Das zweite Beispiel (Abb. 18) zeigt, wie man ein Kompetenzmodell speziell für den Vertrieb mit den Beurteilungskriterien aus einem Personaltest (»CAPTain compact«) und einem Anforderungsprofil verbinden kann. Dieses Kompetenzmodell enthält auch Aussagen über die Motivstruktur von Vertriebsmitarbeitern.

Das dritte Beispiel (Abb. 19) stammt aus einem Kompetenzmodell für einen Vertrieb, der innovativ eingestellte und lernfähige Mitarbeiter und Führungskräfte benötigt.

Basiskompetenzen	Einzelkompetenzen	Operationalisierung	CAPTain-Dimension	Werte
Leistungsbereitschaft	Einsatzfreude und Engagement Erfolgsorientierung Tatkraft	mit Engagement und Leistungswillen an die Sache gehen, besser sein wollen als andere, tatkräftig auf Erfolg hinwirken	Einstellung zur Arbeit Wettbewerbsorientierung Erfolgsorientierung (Drive)	5–8 (0–4) 6–8 (0–4) 6–8
Kundensteuerung	Motivation und Überzeugungskraft	Menschen gewinnen, begeistern und überzeugen durch Einstehen für das, was man will; Empathie, Authentizität (persönlicher Draht und offener Umgang, menschliches Verhalten einschätzen)	Selbstbehauptung Empathie/Konsens (persönlicher Draht) Kontaktorientierung	(0–3) 6–8 (0–3) 5–7 (0–3) 5–7
		Extrovertierte und erfolgsorientierte Haltung, andere gewinnen wollen	Basisverkaufspotenzial (Überzeugen und Gewinnen)	(0–4) 7–10 (9–10)
	Entscheidungsstärke	Entscheidungen treffen, gewisse Risikofreude zeigen	Entscheidungsfreude	(0–3) 6–7 (9–10)
	Orientierung geben	Richtung weisen, aktiv gestalten, sich und andere an Zielen ausrichten	Führungsstärke Zielorientierung	(0–4) 5–8 (0–4) 5–6 (9–10)
	Verkäuferische Kompetenz	abschlussorientiert beraten, auf Ergebnisse hinwirken, Empfehlungen geben	Kundensteuerung	(0–3) 6–7 (10)
		sich kontinuierlich um Kunden kümmern, sie dadurch binden	Einflussnahme	(0–4) 6–10
		Inhalte und Ideen adressatengerecht präsentieren, strukturiert und ergebnisorientiert Gespräche führen	Bedürfnis nach Aufmerksamkeit (Wortführer in der Gruppe)	(0–2) 5–6
			Arbeitsplanung (Überlegtheit)	(0–3) 4–5 (8–10)

Abb. 18: Ausschnitt aus »Strategisches Kompetenzmodell Vertrieb 2020 mit Anforderungsprofil für den Personaltest CAPTain« (CAPTain misst Verhaltensausprägungen auf einer Skale von 0 bis 10, nicht erwünschte Ausprägung in Klammern)

Kompetenzbereich	Einzelkompetenzen	Operationalisierung
Kritikfähigkeit	Lob und Kritik annehmen und umsetzen	nimmt kritische Hinweise an und wägt sie ab, ist offen für Hinweise und Ratschläge
	Selbstreflexion	reflektiert Kritik und sucht nach Lösungen, reflektiert sich selbst
	Unterstützung einfordern	fragt nach, wenn etwas nicht verstanden wurde, bittet um Hilfestellung
	Selbstvertrauen	zeigt Vertrauen in sich und die eigenen Fähigkeiten
	Lernbereitschaft	ruht sich nicht auf Wissen und Erfahrungen aus, denkt darüber nach, was man noch verbessern oder dazulernen kann
Führungspersönlichkeit	Führungsrolle	übernimmt Verantwortung für andere, fordert Gefolgschaft, motiviert
	Führungsstärke	gibt die Richtung vor und sagt, was getan werden soll
	Delegation	überträgt Aufgaben an andere
	Einflussnahme	fühlt sich verantwortlich für das, was andere tun, gibt Ratschläge und Hinweise zur Unterstützung
Strategie und Innovation	Kreativität/eigene Ideen	hat eigene Ideen, findet auch ungewöhnliche Lösungen
	Veränderungsbereitschaft/ Veränderungskraft	ist offen für Neues und treibt Neuerungen auch gegen Widerstand voran
	Langfristigkeit	plant, überlegt und handelt langfristig, denkt in Strategien

Abb. 19: Kompetenzmodell für innovative Vertriebler

Weniger ist oft mehr

Variationen sind vielfältig und sinnvoll. Große Unternehmen und Konzerne neigen dazu, ihre Kompetenzmodelle entsprechend komplex zu gestalten, leider aber manchmal auch »aufzublähen«.

Manche Unternehmen haben eine grobe Unterteilung in vier Kompetenzbereiche, wie es ein Automobilkonzern macht: Methodenkompetenzen,

Prozesskompetenzen, soziale Kompetenzen und Führungskompetenzen. Die Gefahr ist, dass die Begrifflichkeiten hierbei wieder verschwimmen. Erlernte Fähigkeiten wie »Moderieren« oder »persönliche Arbeitsorganisation« sind hier sogenannte Methodenkompetenzen, zu denen aber auch das »analytische Denken« gezählt wird. Nach unserer Definition fällt allerdings nur Letzteres unter den Kompetenzbegriff. Ebenso wenig sind »Bewusster Umgang mit Ressourcen« oder die »Entwicklung effizienter Teamstrukturen« nach unserer Definition soziale Kompetenzen, sondern erlernbares Führungshandeln im Sinne von Tools oder Haltungen.

Kompetenzmodell als Leuchtturm

Achtung: Alle Instrumente des Talentmanagements – vom Mitarbeitergespräch über die Orientierungscenter bis zur externen Personalauswahl – orientieren sich am Kompetenzmodell. Das heißt: Für die verschiedenen Talentgruppen, also Führungskräfte, Manager oder Auszubildenden, gilt es, aus einem übergeordneten Kompetenzmodell, dem sogenannten Master, ein Einzelkompetenzmodell abzuleiten. Praktisch bedeutet das: Eine passende Auswahl an Kompetenzen wird für den jeweiligen Bereich getroffen und verbindlich festgelegt.

Stolpersteine in der Praxis

- Zu hohe Komplexität: Zu viele Kompetenzen machen ein Kompetenzmodell wenig praktikabel – es wird nicht benutzt.
- Geringe Klarheit: Begriffsvermischung oder Doppelungen führen zu Missverständnissen, Verwirrung und Diskussionen.
- Human-Resources-Kompetenz des Managements: Manager aus der Unternehmensführung müssen oftmals von Human-Resources-Mitarbeitenden geschult oder zumindest in die Thematik eingeführt werden.
- Standardkompetenzmodell: Die bloße Übertragung von Standardkompetenzmodellen auf das eigene Unternehmen vernachlässigt die eigene strategische Ausrichtung und führt zu Ungenauigkeiten bei der Talentidentifikation.

3.3 Talentidentifikation: Instrumente-Check vor dem Auslaufen

Die Basis für das weitere Vorgehen, vor allem für die Auswahl und die Entwicklung von Instrumenten, ist eine unternehmensspezifische Talentdefinition. Sie beschreibt auf einer übergeordneten Ebene die Anforderungen und Erwartungen an Schlüsselmitarbeiter. Ohne sie gibt es Missverständnisse und Begriffsvermischungen, weil jede Person eine eigene Vorstellung vom Talentbegriff hat. Ein kommunaler Arbeitgeber wie die Stadt München steht beispielsweise in einem harten Wettbewerb um hochqualifizierte Nachwuchskräfte für die Besetzung von Führungspositionen in der Verwaltung. Alexander Lendner, Leiter der zentralen Fortbildung der Landeshauptstadt München, sieht es so: »Für mich wird der Begriff Talent stark auf junge Menschen zugespitzt, deshalb greift er für unsere Belange zu kurz. Wir bei der Stadt München haben zahlreiche Potenzialträger, die viel Berufserfahrung mitbringen und nicht mehr ganz jung sind. Dieses Potenzial wollen wir ausschöpfen« (Bikner 2015, S. 6).

Was gehört zur Talentdefinition?

Je nach Ausrichtung und Herausforderung des Unternehmens kann die Talentdefinition ganz anders aussehen: Ein international wachsendes Unternehmen benötigt interkulturell aufgeschlossene Schlüsselpersonen mit Sprachkenntnissen und örtliche Flexibilität. Dienstleistungsunternehmen brauchen Menschen mit starker Kunden- und Serviceorientierung. Wachstum erfordert meist Offenheit für Neues und viel Innovationskraft. Für andere Unternehmen oder NGOs stellen womöglich eine ausgeprägte hohe soziale und kommunikative Kompetenz sowie gesellschaftliches Engagement Schlüsselqualifikationen dar.

Talente zeichnen sich dadurch aus, dass sie über die benötigten Kompetenzen schon in hohem Maße verfügen, Potenzial für die gefragten Schlüsselqualifikationen besitzen und zugleich flexibel und lernfähig sind. Das bedeutet aber auch: Wer heute ein Talent ist, kann in fünf Jahren ebenso auf dem Abstellgleis stehen, wenn sich das Unternehmen in eine neue Richtung bewegt hat.

Achtung: Diese Definition ist regelmäßig, am besten alle ein bis drei Jahre, mit der Unternehmens- und Personalstrategie abzugleichen und gegebenenfalls anzupassen. Sie ist für das Unternehmen ein wesentliches Element des normativen Rahmens, genauso wie die Mission Statements, die Vision, die Werteversprechen oder die Leitbilder.

Wie erfasst man Kompetenz und Potenzial?

Die Kompetenzerfassung durch Vorgesetzte kann nur durch eine kontinuierliche Beobachtung der Mitarbeiter erfolgen. So eine Beobachtung kann ein Vorgesetzter in den meisten Fällen jedoch nicht leisten, da er seine Mitarbeiter nur in bestimmten Situationen erlebt und daher bestenfalls einen Teil ihrer Verhaltensweisen erfassen kann. Die wenigsten Vorgesetzten können differenziert verschiedene Kompetenzen erfassen und benennen. Dafür sind sie nicht ausgebildet. Meist wird daher unzulässig über den messbaren Teil der Performance und nicht aus den Verhaltensbeobachtungen auf die zugrunde liegenden Verhaltensmuster geschlossen. Zudem ist durch die enge Verflechtung von Beobachter und Beobachtungsgegenstand eine wirklich objektive Erkenntnis (wie zum Beispiel durch neutrale und geschulte Beobachter im AC oder durch Testverfahren) nicht möglich. Gerade weil Vorgesetzte diejenigen sind, die ihre Mitarbeiter wohl am besten kennen, werden sie womöglich sehr subjektiv beurteilen. Auch zuletzt deswegen, weil Vorgesetzte bei der Frage der Förderung von Talenten dazu neigen, die eigenen persönlichen Eigenschaften und Kompetenzen zu »klonen«.

Um einer subjektiven Vorgesetztenbeurteilung nach Gutsherrenart entgegenzuwirken, ist ein allgemeingültiges Kompetenzmodell hilfreich. Die subjektive Einschätzung kann an Objektivität gewinnen, indem man objektivierbare und verbindliche Beobachtungskriterien für die Mitarbeiterbeurteilung einführt. Sie finden sich im Kompetenzmodell (vgl. S. 54–57) für jede Kompetenz in Form einer kurzen Operationalisierung. Diese beschreibt das Verhalten, aus dem man die entsprechende Kompetenz ableiten kann. Diese Verhaltensanker unterstützen bei der Beurteilung von Kompetenzen. Sie können durchaus ausführlicher und differenzierter sein als in unserem Beispiel.

Was ist eigentlich Potenzial?

Beim Talentmanagement geht es vor allem darum, zu beurteilen, ob jemand das Potenzial für mehr hat. Aber was ist genau damit gemeint?

Definition »Potenzial«

> Bei der Frage, was genau »Potenzial« ist, wird meist vergessen zu definieren, wofür jemand Potenzial hat oder nicht: für Führung allgemein, für einen Vorstandsposten, für Aufgaben in der innerbetrieblichen psychosozialen Beratung oder für eine Funktion als Spezialist? Ohne diese Antwort ist die Frage nach dem Potenzial unsinnig.

In Bezug auf das Talentmanagement könnte man auch antworten: Potenzial für Schlüsselpositionen im Unternehmen, wenn diese schon definiert sind.

Wenn ich also die Kompetenzen kenne, die jemand in einem künftigen Funktionsbereich oder bei einer künftigen Aufgabe benötigt, dann muss ich prüfen, ob ein Teil der gefragten Verhaltensmuster schon ganz oder in Ansätzen vorhanden ist. Hier hört meist die Potenzialeinschätzung auf. Sind einige verwertbare Kompetenzen da, lautet die Antwort: »hat Potenzial«. Denn die meisten Menschen glauben: Wenn jemand schon »gut« in einem Bereich ist, kann er auch leicht besser werden. Das ist aber eine unzulässige Folgerung, die nicht immer passt, wie Abbildung 20 zeigt.

Die Führungskraft, die eine Aussage zum Potenzial einer Person machen möchte, muss zusätzlich zu den schon vorhandenen Kompetenzen deren Entwicklungsmöglichkeiten einschätzen. Sie muss in etwa wissen, welche und wie viele Kompetenzen die Person womöglich komplett aufbauen muss, welche nur auszubauen und welche schon in passender Ausprägung vorhanden sind. Danach sollte sie einschätzen, ob die Person Lern- und Entwicklungspotenzial hat. Das sind die Fähigkeit und die Motivation, Neues zu lernen.

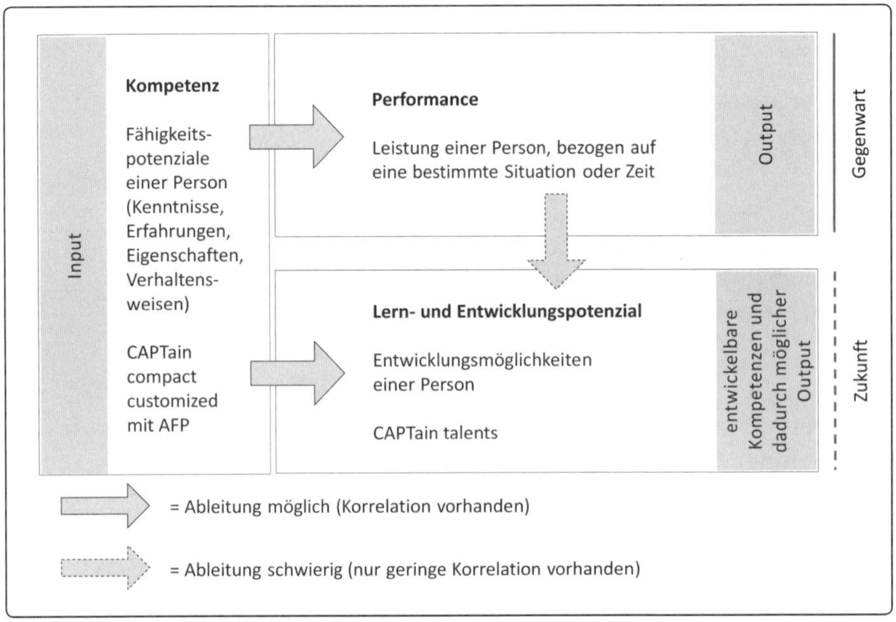

Abb. 20: Kompetenz, Performance und Entwicklungspotenzial (Enaux/Meifert/Henrich 2011)

Abschied von der Gutsherrenart: Objektive Beurteilung von Kompetenz und Potenzial durch Vorgesetzte

Manche Unternehmen schaffen die Mitarbeitergespräche schon wieder ab. Die Gründe dafür sind, dass sich niemand an den Prozess hält, das Instrument zum Kontroll- oder Sanktionsinstrument verkommt oder zur völligen Bedeutungslosigkeit verdammt ist und von Mitarbeitern und Vorgesetzten nur als lästig empfunden wird.

Ein gutes und strukturiertes Mitarbeitergespräch, als transparenter und verbindlicher Prozess im Unternehmen verankert, ist *das* Instrument, das Talentförderung und Nachfolgeplanung nach Gutsherrenart ablöst zugunsten einer weitgehend objektiven und differenzierten Personalbeurteilung. Der Nutzen für die Vorgesetzten liegt trotz des hohen Aufwands auf der Hand: Sie haben unternehmensweit geltende Kriterien, mit denen sie kontinuierlich ihre Mitarbeiter beobachten können. Darüber können sie sich mit anderen Führungskräften austauschen. Sie bereiten damit zugleich Nachfolge- und Stellvertreterregelungen vor. Und sie werden durch die vorgegebene Struktur und das regelmäßige Vorgehen auf Dauer kompetent in der Personalbeurteilung, auch in der Reflexion ihrer eigenen Kompetenzen.

Werden sie für Orientierungscenter oder Führungschecks als Beobachter hinzugezogen, sind sie kompetente Berater und Beobachter. Sind sie kompetente Sparringspartner der Personalabteilung bezüglich der Planung und Gestaltung zielgerichteter Personalentwicklungsmaßnahmen für ihre Mitarbeitenden, so erlangen sie über kurz oder lang den Status des Talentmanagers.

Praxisbeispiel: Anleitung zur Potenzialeinschätzung im Mitarbeitergespräch

Die Mitarbeiterentwicklungsgespräche dienen der Einschätzung von aktuellen Kompetenzen oder Defiziten, der Einschätzung des allgemeinen Entwicklungspotenzials für das Erreichen oder Verbessern der geforderten Performance und der Einschätzung des Potenzials für weiterführende Aufgaben. Letzter Punkt ist Bestandteil des strategischen Talentmanagements und interessiert besonders die Geschäftsführung. Dabei sollen Führungskräfte beurteilen, ob jemand grundsätzlich Entwicklungspotenzial hat und in welchen Bereichen oder für welches Aufgabenfeld er dieses Potenzial hat. Dabei reicht es nicht aus, einfach die Summe aus allen Einschätzungen pro Kompetenz zu nehmen. Vielmehr macht es Sinn, die Kompetenzen nach relevanten Bereichen zusammenzufassen und dann für einzelne größere Bereiche eine Potenzialeinschätzung vorzunehmen. Dies sind die Bereiche:

- Fachkompetenz
- Unternehmerisches Denken und Handeln
- Kommunikation und Beziehungsgestaltung
- Konfliktfähigkeit
- Selbstorganisation
- Führungskompetenz
- Allgemeines Entwicklungspotenzial

Weiterführende Aufgaben wären dementsprechend: Teamsprecher (Potenzial in Kommunikation und Konfliktfähigkeit, Organisationswissen, Entscheiden), Koordinator (Selbstorganisation, Konzeption), Experte (Fachwissen, Organisationswissen), weiterführende Führungsaufgabe (Potenzial in Führung und unternehmerischem Denken und Handeln), Projektleitung (Führung, strategisch-konzeptionelles Denken, Kommunikation).

Damit das komplexe Thema der Potenzialeinschätzung für die Führungskraft so einfach wie möglich ist und für die Personalentwicklung übersichtlich und klar dargestellt werden kann, ist folgendes Vorgehen nützlich:

- Die Führungskraft legt in Bezug auf die Aufgabe des Mitarbeiters für alle gefragten Kompetenzen eine Soll-Ausprägung fest (zum Beispiel »hoch«, »mittel«, »gering«). Zudem entscheidet sie über die Gewichtung der drei Hauptbereiche »Fachkompetenzen«, »persönliche Kompetenzen«, »Führungskompetenzen«.
- Danach schätzt sie ein, inwieweit der Mitarbeiter diese Anforderung erfüllt. Bei den Bereichen, in denen Defizite und Lernfelder erkennbar sind, sollte sie Hypothesen über sein Entwicklungspotenzial bilden (Wird/Kann der Mitarbeiter sich verbessern? Braucht er dazu Unterstützung?).
- Im Gespräch kann die Führungskraft durch Nachfragen prüfen, ob der Mitarbeiter das grundsätzliche Entwicklungspotenzial zeigt, um sich in den speziellen Kompetenzbereichen zu verbessern und die Aufgabe mittelfristig zu erfüllen.
- Wenn ein Mitarbeiter weitgehend die Anforderung erfüllt oder in mehreren Bereichen darüber liegt, prüft die Führungskraft im Gespräch, ob er ein Entwicklungspotenzial für weiterführende Aufgaben zeigt. Dies ist besonders wichtig bei Personen, die eine Schlüsselposition innehaben oder für eine solche geeignet erscheinen.

Fragen zur Feststellung des Entwicklungspotenzials

- Zeigt die Person im Gespräch Einsicht und Verständnis?
- Wie weit ist sie vom Sollwert entfernt? In welchen Bereichen?
- Wie lange gibt es diese Verhaltensausprägung schon? Mit welcher Tendenz?
- Wie deutlich ist die Übererfüllung? In welchen Bereichen?
- Zeigt der Mitarbeiter Motivation?
- Zeigt die Person eine allgemeine Entwicklungsorientierung?
- Zeigt die Person ein spezifisches Entwicklungspotenzial für einen Aufgabenbereich?

Dabei unterscheiden wir zwischen allgemeiner und spezifischer Entwicklungsorientierung und einem für den speziellen Aufgabenbereich vorhandenen Entwicklungspotenzial.

Allgemeine Entwicklungsorientierung bedeutet:
- Neugier und Offenheit für Neues
- Selbstständigkeit und Eigeninitiative
- Selbstbewusstsein und Lernbereitschaft
- Lernfähigkeit und Volition
- Erfolgsorientierung
- Frustrationstoleranz

Spezifisches Entwicklungspotenzial für einen Aufgabenbereich bedeutet:
- Wissen und Erfahrungen bezüglich künftiger Anforderungen
- Motivation für die neue Herausforderung
- Kompetenzen für die neue Herausforderung teilweise schon vorhanden

Entwicklungspotenzial
= Eignung
+ allgemeine Entwicklungsorientierung
+ spezielle Motivation

Checkliste: Schätzen Sie Ihren Mitarbeiter ein!

Allgemeines Entwicklungspotenzial

Offenheit für Neues
- Die Person probiert gerne neue Dinge aus.
- Die Person ist wenig aufgeschlossen für neue Erfahrungen.
- Die Person interessiert sich für die unterschiedlichsten Themen und Aufgaben.
- Die Person wägt lange ab, bevor sie neue Wege beschreitet.

Selbstständigkeit und Eigeninitiative
- Die Person sieht sich oft in Abhängigkeit von externen Faktoren.
- Die Person fokussiert mehr auf Lösungen als auf Hindernisse.
- Die Person sieht die Ursache für den eigenen Erfolg eher bei anderen.
- Die Person glaubt an ihre Selbstwirksamkeit.

Offenheit für Neues
- Die Person traut sich viel zu.
- Die Person braucht viel Ermutigung.
- Die Person überschätzt sich gerne.
- Die Person ist offen für Feedback.
- Die Person ist bereit, sich und ihre Leistung zu überprüfen.

Lernfähigkeit und Volition
- Die Person kann sich selbst etwas beibringen.
- Die Person muss man bei neuen Dingen an die Hand nehmen und es ihr erklären.
- Die Person geht rasch vom Plan zum Handeln über.
- Die Person hat Ideen, zögert aber bei der Umsetzung.

Erfolgsorientierung
- Die Person sieht mehr Chancen als Risiken.
- Die Person versucht, Fehler zu vermeiden.
- Die Person hat einen hohen Anspruch an sich.
- Die Person vermeidet Risiken.

Frustrationstoleranz
- Die Person kann Misserfolg leicht wegstecken.
- Die Person lässt sich leicht entmutigen.
- Die Person denkt über Scheitern lange nach.
- Die Person bleibt am Ball, auch wenn es schwierig wird.

Spezifisches Entwicklungspotenzial
- Der Mitarbeiter kennt die zukünftigen Anforderungen.
- Der Mitarbeiter zeigt sich motiviert, künftigen Anforderungen zu entsprechen.
- Der Mitarbeiter ist mit seiner jetzigen Position sehr zufrieden.
- Der Mitarbeiter weiß, dass er sich für eine weiterführende Aufgabe entwickeln muss.
- Der Mitarbeiter ist bereit, sich zu entwickeln.
- Der Mitarbeiter sieht die an ihn gestellten Entwicklungsanforderungen als Notwendigkeit und als Chance.
- Der Mitarbeiter hat ähnliche Anforderungen wie bei der künftigen Aufgabe schon in anderen Zusammenhängen bewältigt.

Nach der Einschätzung sammeln Sie die eher negativen Aussagen und die positiven Aussagen: Was überwiegt? Danach treffen Sie Ihre Potenzialaussage.

Anforderungsprofile anhand der Aufgaben- und Rollenbeschreibung entwickeln

Für die verschiedenen Aufgaben in einer Abteilung oder einem Team sollte es eine mehr oder weniger genaue Beschreibung geben. Diese Aufgabenbeschreibung ist die Grundlage für

- Stellenausschreibungen (intern oder extern)
- die Leistungsmessung
- die Beschreibung der Anforderungen an Kenntnissen und Kompetenzen
- das Talentmanagement

Für Schlüsselpositionen im Unternehmen muss es, wie auf Seite 119 ff. beschrieben, detaillierte Rollen- und Aufgabenbeschreibungen geben, damit Aufgaben und Anforderungen für vergleichbare Positionen auch gleich beschrieben sind. Die Personalabteilung koordiniert das Erstellen dieser Beschreibungen, indem sie die Inhaber der Schlüsselpositionen und die Führungskräfte aus den Bereichen befragt oder in Workshops zusammenbringt.

Hilfreich und leicht zu handhaben ist dafür der webbasierte Fragebogen zum Anforderungsprofil, vor allem dann, wenn die befragte Gruppe aus mehr als fünf Personen besteht, es mehrere Schlüsselpositionen gibt und für alle ein objektives Bild entstehen soll. Sie geben systematisch ihre Antworten in den Onlinefragebogen ein, das Instrument errechnet anschließend eine statistische Auswertung. Daraus kann der Personalverantwortliche einen Text erstellen, der mit den Beteiligten schließlich noch abgestimmt wird.

Art der Tätigkeit und Schwerpunkte (Teil I)

Bitte kreuzen Sie an, in welchem Ausmaß die Tätigkeit der Zielposition bestimmt ist durch:

	gar nicht	wenig	teilweise	überwiegend	ausschließlich
strategische Aufgaben	○	○	○	○	○
operative Aufgaben	○	○	○	○	○
Managementaufgaben	○	○	○	○	○
Sachbearbeitung	○	○	○	○	○
bereichsübergreifende Aufgaben	○	○	○	○	○
bereichsinterne Aufgaben	○	○	○	○	○
Mitarbeiterführung	○	○	○	○	○
Aufgaben in Eigenverantwortung	○	○	○	○	○
Aufgaben nach Absprache und Vorgabe	○	○	○	○	○

Abb. 21: Fragebogen zum Anforderungsprofil

#11 Komplexität der Entscheidung Bitte geben Sie den Grad der Komplexität der zu fällenden Entscheidungen an, der für die Zielposition typisch ist. **(48)**

1. gering (Es ist nur eine Variable zur Entscheidungsfindung zu berücksichtigen - keine zusätzlichen Informationen erforderlich.) **(0)**
2. mäßig (Es müssen mehrere Variablen zur Entscheidungsfindung berücksichtigt werden - keine zusätzlichen Informationen erforderlich.) **(2)**
3. durchschnittlich (Mehrere Variablen sind relevant. Nur durch Einholen zusätzlicher Informationen kann die Entscheidung gefällt werden.) **(16)**
4. über dem Durchschnitt (Eigene Informationssammlung und Berücksichtigung mehrerer, teilweise komplexer Parameter sind notwendig. Es muss eine Strategie zur Vorgehensweise entwickelt werden.) **(22)**
5. hoch (Eine große Anzahl komplexer Parameter muss berücksichtigt werden. Ohne Strategie und EDV-Unterstützung kann keine Entscheidungsgrundlage geschaffen werden.) **(8)**

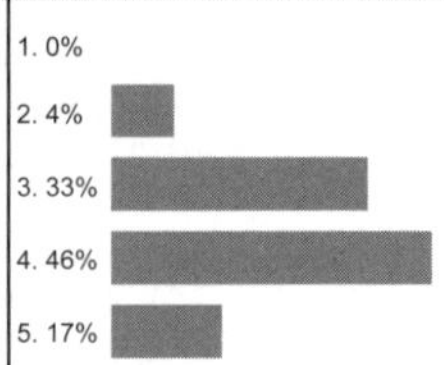

Abb. 22: Statistische Auswertung (Auszug)

Der Onlinefragebogen wird von den CNT Gesellschaften für Personal- und Unternehmensentwicklung in Hamburg zur Verfügung gestellt. Weitere Informationen dazu finden Sie im Anhang auf S. 161.

Eine Anleitung beschreibt, wie man mit den Ergebnissen umgeht und die geforderten Kompetenzen für die jeweils beschriebene Schlüsselfunktion ableitet. So entsteht ein einzelnes Kompetenzprofil mit fünf bis etwa 20 wesentlichen Kompetenzen. Die Führungskräfte legen anschließend fest, wie hoch die Ausprägung dieser Kompetenzen im Idealfall sein soll – zum Beispiel auf einer Skala von 0 bis 10. Beispielsweise sollte die Kompetenz »Selbstständigkeit« für die Mitarbeiter eines Controlling-Teams wahrscheinlich eher hoch sein, für einen koordinierenden Teamsprecher ohne disziplinarische Verantwortung womöglich etwas niedriger. Dieser benötigt hingegen eine ausgeprägte Empathie. Am Ende dieses Entscheidungs- und Abstimmungsprozesses steht ein standardisiertes Anforderungsprofil, das Vorgesetzte dabei unterstützt, die Inhaber der Schlüsselpositionen einschätzen zu können.

Unabhängig von den Schlüsselpositionen sollte jede Führungskraft für alle Positionen in ihrem Team eine kurze, grundlegende Aufgabenbeschreibung mit den wesentlichen gefragten Kompetenzen bereithalten. Sie ist die Grundlage für die Beobachtung und Einschätzung der Mitarbeiter. Wenn die Anforderungen dank dieser Beschreibung transparent und klar sind, können die Mitarbeiter ihre Leistung und Entwicklung auch besser selbst steuern.

Mit einem Kompetenzmodell, klaren Rollen- und Aufgabenbeschreibungen sowie daran ausgerichteten Anforderungsprofilen haben die Führungskräfte die grundlegenden Instrumente, die sie für ihre Aufgabe als Talentmanager benötigen. Sie helfen ihnen über das Jahr hinweg, ihre Mitarbeiter differenziert zu beobachten und einzuschätzen.

Diese Einschätzung benötigen sie im jährlichen Potenzialgespräch, wenn es darum geht, ob jemand eine Entwicklungsmaßnahme braucht, für andere Aufgaben geeignet ist oder als Talent gefördert werden und neue Herausforderungen bekommen soll. Die Instrumente dienen aber auch als Messlatte für Neueinstellungen und Nachfolgeregelungen.

Benchmark der Besten als Messlatte

Wenn Sie ziemlich genau wissen, wer in Ihrem Unternehmen die besten Mitarbeiter in Schlüsselfunktionen sind, macht es Sinn, deren gemeinsame erfolgskritische Kompetenzen zu erfassen. Das geht am besten über ein Testverfahren und eine anschließende statistische Auswertung.

Angenommen, die 20 erfolgreichsten Vertriebsführungskräfte eines Bereiches absolvieren einen Test. Der von uns verwendete CAPTain-Personaltest erfasst 34 berufsrelevante Kompetenzen. Ein Arbeitspsychologe kann relativ leicht erfassen, welche der Kompetenzen in welcher Ausprägung für alle vergleichbar hoch oder niedrig ausfallen. Das sind dann in der Regel die Erfolgsfaktoren der unternehmensspezifischen Normgruppe. Diese zehn bis

15 Erfolgsfaktoren bilden die Grundlage für das Anforderungsprofil der Vertriebsführungskräfte. Sie können aber auch die Grundlage für die Lernziele eines Entwicklungsprogramms sein.

Keine Pinguine produzieren

Das endgültige Anforderungsprofil erstellt man, indem man die Befragungsergebnisse, die Benchmark-Ergebnisse mit den künftigen Herausforderungen abgleicht. Denn diejenigen, die heute zu den Besten gehören, müssen nicht unbedingt die Kriterien für morgen erfüllen. Der Abgleich geschieht in einem Workshop, an dem die Funktionsinhaber und die Mitglieder des Managements teilnehmen. Hier werden die Anforderungen auf die strategischen Bedürfnisse des Unternehmens ausgerichtet. Denn moderne Unternehmen müssen zunehmend auf Unsicherheit, andauernde Veränderungen, Brüche und bisher ungewohnte Dynamiken reagieren. Diese Herausforderungen sollten bei der Personalauswahl berücksichtigt werden.

»Wer den Daumen über den Bewerbern hebt oder senkt, darf nicht den eigenen Weg zum Maßstab machen. Eine Personalauswahl, die sich an der persönlichen Bildungsbiographie orientiert, reproduziert Klone. ›Pinguine stellen Pinguine ein‹, lautet die Kritik an solchem Vorgehen«, schreiben Wolfgang Jäger und Peter Körner in ihrem Resümee über zehn Jahre Talentmanagement (Jäger/Körner 2015).

Talentmanagement muss sich auf Personen konzentrieren, deren Potenzial zum zukünftigen Weg des Unternehmens passt.

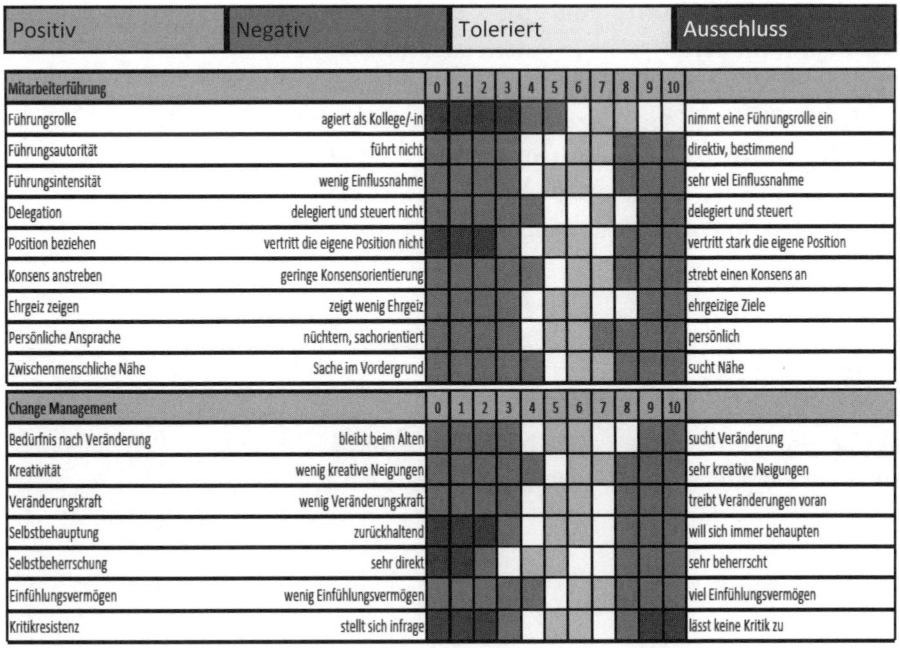

Abb. 23: Anforderungsprofil für den webbasierten CAPTain-Personaltest (Ausschnitt)
Hellgrau (meist mittig) bezeichnet den Bereich, in dem künftige Mitarbeiter in ihrer Kompetenzausprägung liegen sollten. Weiß ist der tolerierte Bereich und Grau der negative Bereich, Schwarz definiert die Ausschlusskriterien. In diesem Profil sind nicht alle Kompetenzen als Anforderung definiert, die der Test misst.

Die Rolle der Führung bei der Talentidentifikation

Wenn Sie bis hierher gelesen haben, wird sehr schnell klar, wie wichtig die Rolle der Führungskräfte im Talentmanagement ist. Den Vorgesetzten kommt eine spezielle Rolle bei der Talentidentifikation zu, sind sie doch diejenigen, die ihre Mitarbeitenden am längsten beobachtet haben und womöglich am besten kennen. Sie können einschätzen, was Mitarbeiter noch lernen und entwickeln müssen, damit sie ihre Aufgaben noch besser erfüllen und neue Herausforderungen meistern können. Zudem sind sie oft diejenigen, die die Aufgaben in der zu besetzenden Schlüsselposition definieren und daher auch in den Rekrutierungsprozess einbezogen sein sollten. Für die professionelle Talentidentifikation sind sie jedoch in der Regel kaum ausgebildet. Zudem haben sie einen begrenzten Zeitrahmen für ihre Führungsaufgaben. Daher benötigen sie moderne und hilfreiche Instrumente, die sie bei dieser Aufgabe unterstützen. Diese müssen von der Personalabteilung zur Verfügung gestellt werden.

Die Hauptinstrumente für die Führungskräfte sind gut strukturierte und handhabbare Leitfäden für Mitarbeitergespräche, Potenzialgespräche und Bewerbergespräche. Führungskräfte sind aber auch als Talentmanager gefragt: in der Rolle der Beobachter in Orientierungscentern und als Beteiligte in Talentkonferenzen. In Führungschecks, Führungsdialogen und 360-Grad-Feedbacks werden Vorgesetzte selbst (als mögliches Talent) beurteilt. Die wesentlichen Instrumente des Talentmanagements sind im Folgenden vorgestellt.

Instrumente des Talentmanagements

Für den erfolgreichen Einsatz der Instrumente ist es wichtig, ihren Fokus im Vorfeld zu definieren. Wir unterscheiden hierbei vier Fokus-Kategorien:

- Talente rekrutieren
- Talente identifizieren
- Talente entwickeln
- Talente binden

Im Nachfolgenden definieren wir zunächst die vier Fokus-Kategorien, danach finden Sie in Abbildung 25 eine Übersicht der möglichen Instrumente, zugeordnet nach Fokus-Kategorien, wie wir sie meist einsetzen.

Talente rekrutieren

Ziel: Lassen sich für bestimmte Schlüsselaufgaben nicht genügend passende Mitarbeiter im Unternehmen finden, werden diese auf dem Arbeitsmarkt entsprechend der Personalplanung rekrutiert. Neben einer systematischen Rekrutierungsstrategie ist es hierbei für das Talentmanagement wichtig, dass die grundlegenden Kompetenzen und Potenziale für Schlüsselpositionen erfasst werden. Diese sind die Basis für die Positionierung, aber auch für die Weiterentwicklung der Person im Unternehmen.

Vorgehen: Grundlage der Stellenanforderungen, der strukturierten Interviews und der verwendeten Testverfahren zur Auswahl neuer Mitarbeiter sind das Kompetenzmodell und die einzelnen Aufgaben- und Rollenbeschreibungen. Aus diesen wird die Stellenanzeige formuliert. Auch wenn das in der Regel durch die Personalabteilung geschieht, sollten die Vorgesetzten schon in der Ausschreibungsphase mitarbeiten, schließlich benötigen sie neue Mitarbeiter mit einer spezifischen Anforderung. Erfasst werden sollen im Auswahlverfahren möglichst immer die aktuelle Kompetenz und das Potenzial von Bewerbern. Dabei können moderne Testverfahren unterstützen.

Im Bewerbungsgespräch, das nach einem strukturierten Leitfaden die gefragten Kompetenzen erkundet, sitzen sich zumindest der potenzielle Vorgesetzte und der Kandidat gegenüber, wenn möglich unterstützt die Personalabteilung mit ihrem Know-how in Personalbeurteilung. Wesentlich ist heute für Bewerber, dass die Anforderungen und Bewertungskriterien sowie der Prozess möglichst transparent sind. Im Bewerbungsverfahren bekommen Interessenten frühzeitig einen Einblick in die Unternehmenskultur: Ist diese offen und wertschätzend, bleiben die meisten Bewerber am Ball. Das gilt auch für das Bewerbungsgespräch: Es sollte auf Augenhöhe geführt werden.

Nutzen: Ein einheitliches Beurteilungssystem auf Grundlage des Kompetenzmodells schafft Transparenz und sorgt dafür, dass Potenzialträger mit geeigneten Kompetenzen für Schlüsselpositionen frühzeitig im Rekrutierungsprozess erfasst und entsprechend gefördert werden können. Das Erfassen von Potenzialen macht es möglich, auch Kandidaten einzustellen, die nur zum Teil der gefragten Anforderung entsprechen. Über die Potenzialerfassung sind Aussagen darüber möglich, wie schnell die notwendigen Kompetenzen noch erlernt werden können. Eine Potenzialanalyse zeigt, wie weit und aufwendig der Weg dahin ist.

Talente identifizieren

Ziel: Durch eine kontinuierliche Performance-Analyse, aus der auch die Kompetenzen erschlossen werden, und die jährlichen Entwicklungsdialoge in den Mitarbeitergesprächen werden talentierte Mitarbeitende im Unternehmen entdeckt. Dies ist eine der wesentlichen Aufgaben moderner Führung. Vorgesetzte erstellen kontinuierlich Kompetenzprofile über die begabten Mitarbeiter und gehen darüber in den Dialog mit der Human-Resources-Abteilung. Mit modernen Instrumenten und ergänzenden Maßnahmen werden die Führungskräfte bei ihrer Aufgabe als Talentmanager unterstützt.

Vorgehen: Die Implementierung von jährlichen Mitarbeitergesprächen schafft ein verbindliches Führungsinstrument und ermöglicht eine unternehmensweite Talenterfassung. Die Führungskräfte benennen Mitarbeiter, die aus ihrer Sicht aufgrund besonderer Kompetenzen und einer hohen Performance Talente sind. Diese Talent-Bewerber werden anschließend differenzierter mithilfe von verschiedenen Instrumenten beurteilt. Nach der endgültigen Aufnahme in einen Talent-Pool sollen sie durch spezielle Aufgaben und Projekte oder Entwicklungsmaßnahmen wie Mentoring oder Einzelseminare gefördert werden. Unterstützt werden die Führungskräfte hierbei durch

- Kompetenzmodell als Leuchtturm
- Instrumente für Struktur und Objektivität, z. B. Gesprächsleitfaden und Ergebnisbogen für Mitarbeitergespräche
- Schulung und Supervision: »Kompetenz und Performance beurteilen, Talente identifizieren« – »Mitarbeitergespräche führen« – »Zielvereinbarungen treffen«

Nutzen: Die Beurteilung von Mitarbeitern und die Identifikation von Talenten erfordern die konsequente Mitarbeit der Vorgesetzten. Die Führungskräfte erhöhen dabei ihre eigene Kompetenz in der Beurteilung und Einstufung von Mitarbeitern. Sie sind gefordert, eine effektive und längerfristige Einsatzplanung zu machen und die Mitarbeiter gezielter zu fördern und zu fordern. Sie erweitern ihre Rolle um die des Talentmanagers. Es entstehen Talent-Pools mit Potenzialträgern für künftige Herausforderungen.

Talente entwickeln

Ziel: Eine ausreichende Anzahl von identifizierten Talenten fördern und fit machen für aktuelle und künftige Herausforderungen in den gegenwärtigen oder neuen Positionen.

Vorgehen: Konzeption und Optimierung von Maßnahmen und Instrumenten für die Führungskräfteentwicklung sind meist der erste Schritt, finden doch in der Führungsetage viele Bewegungen und Veränderungen statt. Führungskräfte sollten fast immer Talente sein, da sie durch ihre Führungsarbeit den Boden für die Entwicklung des Unternehmens bereiten. Der Grundlage für die Entwicklungspläne aller Talente sind die Mitarbeitergespräche, die die jeweilige Anforderung mit den vorhandenen Kompetenzen abgleichen, um einen zielgerichteten Entwicklungsbedarf ausgerichtet am Kompetenzmodell festzulegen. Entwicklungsmaßnahmen können vielfach »on the job« mit Unterstützung des Vorgesetzten stattfinden: besondere Projekte, neue Aufgaben oder auch Begleitung. Maßnahmen »off the job« sind externe Coachings oder Seminare und Workshops (siehe dazu auch Kapitel 3.6, S. 95 über Personalentwicklung).

Nutzen: Es steht möglichst immer eine definierte Gruppe von fortgebildeten, selbstreflektierten und motivierten Talenten für Führungsaufgaben, Führungsnachfolge und Fachaufgaben zur Verfügung. Die Mitarbeitenden selbst können ihren Berufsweg im Unternehmen mitgestalten. Sie kennen ihre Ressourcen und können sie zielgerichtet im Unternehmen einsetzen.

Talente binden

Ziel: Die identifizierten und rekrutierten Talente im Unternehmen adäquat positionieren, motivieren und halten.

Vorgehen: Gängige Bindungsmaßnahmen sind Gesundheitsförderung und eine familienfreundliche Unternehmenskultur, die der Work-Life-Balance, der Gender Diversity und der gesellschaftlichen Verantwortung Raum geben. Für die Young Professionals der Generation Y sind zunehmend transparente Leistungseinschätzung und Karrierewege wichtige Faktoren. Zu einer bedarfsorientierten Personalentwicklung gehören Karrieremodelle und verschiedene Formen von Feedback sowie moderne Methoden, um Mitarbeiter zu motivieren und zu binden – vorausgesetzt, diese Maßnahmen werden konsequent durchgeführt und Vereinbarungen werden eingehalten.

Nutzen: Durch ein einfaches, mittelfristig einzuführendes Karrieremodell für Fach- und Führungskräfte und ein daran gekoppeltes Performance-Management-System wird ein transparenter Prozess ermöglicht, der die Entwicklungsplanung und die Leistungs- und Kompetenzeinschätzung abbildet. Nicht alle der aufgeführten Instrumente werden in diesem Buch beschrieben. Die beschriebenen Instrumente sind in der Liste fett gedruckt.

Instrument	Fokus	Kurzbeschreibung
Mitarbeitergespräch	Talente identifizieren (S. 77–80)	Leistungs- und Performance-Dialog, Exploration und Vereinbarung der Ziele
Potenzialentwicklungsgespräch		Selbst- und Fremdeinschätzung des Mitarbeiters und der Führungskraft, Ableitung von Entwicklungsstrategien für aktuelle und zukünftige Aufgaben
Führungscheck für angehende und etablierte Führungskräfte		Valide Einschätzung von Eignung, Potenzial und Entwicklungsfeldern für interne Stellenbesetzungen oder auch für die Personalentwicklung
Orientierungscenter		Potenzialsichtung auf breiter Ebene für zukünftige Aufgabenfelder und die Personalentwicklung
Talentmanagement-Konferenz		Periodische Konferenzen über alle Talente
Führungsprogramme	Talente entwickeln und binden (S. 81 ff.)	Programm-Module zur Förderung von Kompetenzen, Fähigkeiten und Fertigkeiten
Führungsdialog		Führungskräfte erhalten von ihren Mitarbeitern differenzierte Rückmeldungen zu ihrem Führungsverhalten
360-Grad-Feedback		Abgleich von Selbst- und Fremdbild auf den Ebenen »Mitarbeiter«, »Vorgesetzte«, »Peers« und gegebenenfalls »interne Kunden«
Führungsnetzwerke		Netzwerkveranstaltungen bzw. -impulse, um das Voneinander-lernen zu fördern
Entwicklungsprogramme für operative Fachkräfte		Programm-Module zur Förderung von Kompetenzen, Fähigkeiten und Fertigkeiten
Coaching		Fokussierung auf Einzelthemen mit höchst individueller Beratung durch einen externen Coach
Mentoring		Fokussierung auf Einzelthemen mit höchst individueller Beratung durch einen internen Senior
Netzwerke für operative Mitarbeiter mit besonderer Verantwortung		Netzwerkveranstaltungen bzw. -impulse, um das Voneinander-lernen zu fördern
Strukturiertes Auswahlinterview	Talente rekrutieren (S. 83 f.)	Einheitliches Format für Interviews mit einer höheren Objektivität
Online-Assessments		Schnelles und ortsunabhängiges objektives Erfassen von definierten Verhaltenskompetenzen und Motiven und Abgleich mit einem Anforderungsprofil.

Abb. 24: Instrumente des Talentmanagements

Talente intern identifizieren

Mitarbeitergespräche

Ziel: Mitarbeitergespräche sind zentrale Bausteine der Personalentwicklung und somit des Talentmanagements, zugleich sind sie wichtige Steuerungsinstrumente der kooperativen Führung. Ziel ist es, neben den permanent geführten, möglichst auch vertrauensvollen Dialogen zwischen Vorgesetzten und Personal einmal im Jahr gemeinsam und strukturiert die Leistung des Mitarbeiters zu beurteilen und Fragen der Zusammenarbeit und Führung sowie der persönlichen und beruflichen Weiterentwicklung zu besprechen und abschließend Ziele zu vereinbaren. Das Entwicklungsgespräch sollte zeitlich und inhaltlich vom Beurteilungsgespräch getrennt sein. Ergebnis des Entwicklungsgesprächs kann die Empfehlung in eine Entwicklungsmaßnahme oder in einen Talentpool sein.

Vorgehen: Für das Entwicklungsgespräch wie für das Beurteilungsgespräch werden Abläufe inklusive Vor- und Nachbereitung festgelegt und als Leitfaden und Handlungsanleitung für alle verbindlich vorgegeben. Ebenso gibt es einen Beurteilungsbogen für die Einschätzung der Leistung und einen Entwicklungsbogen für die Einschätzung von Kompetenz und Entwicklungszielen in Bezug auf den weiteren beruflichen Weg.

Für beide Gespräche bedarf es strukturierter Beurteilungsbögen, die auch den Mitarbeitern vorab zur Selbsteinschätzung gegeben werden. Die Beurteilung der Kompetenzen soll sich an den Kompetenzmodellen orientieren, denn sie gibt Hinweise darauf, inwieweit ein Mitarbeiter für weiterführende Aufgaben geeignet ist und auf Schlüsselaufgaben vorbereitet werden kann. Die anhand der Kompetenzmodelle erarbeiteten Beurteilungsbögen sollen für die Mitarbeitenden und die Führungskraft verständlich und handhabbar sein. Die Führungskräfte müssen für die Mitarbeiter-Beurteilung und die Gesprächsführung durch entsprechende Schulungen vorbereitet werden. In Kapitel 4.3 (S. 151) finden Sie ein Beispiel für die Einführung von Mitarbeitergesprächen und einen entsprechenden Beurteilungsbogen.

Nutzen: Das Unternehmen bindet die Führungskräfte in die Realisierung des Talentmanagements ein. Die Führungskräfte übernehmen damit auch die Rolle eines Entwicklungscoachs für ihre Talente. Sie bekommen Instrumente an die Hand, die sie in ihrer Führungsarbeit unterstützen. Human Resources ist dabei in der Rolle des Unterstützers und Steuerers, nicht mehr in der alleinigen Rolle des Beurteilers. Durch die differenzierte und motivierende Rückmeldung über Leistung und Potenzial und durch die Zielvereinbarungen werden die Mitarbeiter motiviert, zur Selbststeuerung angeregt und an das Unternehmen gebunden. Es können qualitativ hochwertige Talentpools entstehen.

Orientierungscenter (OC)

Ziel:

- Talente identifizieren und Entwicklungspotenziale erkennen
- Vertrauen in Auswahlverfahren aufbauen
- Akzeptanz der Ergebnisse erreichen
- Orientierung geben für weitere Berufsentscheidungen (Vertrieb, Führung, Operativ)

Vorgehen: Im Orientierungscenter werden jeweils sechs bis zehn Kandidaten, die von den Vorgesetzten und der Personalabteilung empfohlen wurden, in einer ein- bis zweitägigen Veranstaltung durch Verhaltensbeobachtungen und mithilfe von Testverfahren in Bezug auf ihr Können, ihr Potenzial, ihre Motivstruktur und ihre Basisverhaltenskompetenz eingeschätzt. Sie erhalten darüber eine zeitnahe Rückmeldung.

Nutzen: objektives und differenziertes Erfassen von Kompetenz und Potenzial mit hoher Akzeptanz. Zielgruppe sind Personen für Schlüsselaufgaben.

Führungscheck/Manager Audit

Ziel: Unter Anleitung eines erfahrenen Beraters liefert der Führungs-Check innerhalb eines Tages eine valide Einschätzung von Eignung, Potenzial und Entwicklungsfeldern für interne Stellenbesetzungen oder auch für die Personalentwicklung. Die Beurteilung allein durch den Vorgesetzten reicht in der Regel nicht aus, ein 360°-Feedback ist relativ aufwendig und ein klassisches AC verbietet sich oft aus Zeit- und Akzeptanzgründen.

Eine differenzierte Stellenbeschreibung für die Zielposition ist die Grundlage für die Bewertung der Ergebnisse. Ein generelles Anforderungsprofil für das untere, mittlere oder obere Management bildet den allgemeinen Hintergrund. Alternativ wird aus dem Kompetenzmodell und der Stellenbeschreibung ein individuelles Anforderungsprofil erstellt.

Vorgehen:

- *Online-Assessment für Führungskräfte* zu den Themen Managementkompetenz, Führungskompetenz, berufliche Motive, Persönlichkeit und Werte
- *Explorationsgespräch:* Die Ergebnisse aus dem Online-Assessment sind die Basis für ein ausführliches Explorationsgespräch mit dem teilnehmenden Manager.
- *Szenario-Übungen:* Entsprechend der Schwerpunkte des Anforderungsprofils oder spezieller Fragestellungen werden konkret praxisnahe Szenario-Übungen durchgeführt (Mitarbeitergespräch, Konzeptentwicklung, Verhandlung etc.).
- *Eignungsbeurteilung:* Der Berater gibt eine Einschätzung über die aktuelle Eignung für die Zielposition ab. Bewertungsmaßstab sind ein allgemeines Anforderungsprofil für mittlere oder obere Führungskräfte sowie die spezifische Stellenbeschreibung.
- *Potenzialbeurteilung:* Ebenfalls eingeschätzt werden die Entwicklungspotenziale. Dazu werden die wesentlichen Entwicklungsfelder genannt und Vorschläge für Maßnahmen zur Personalentwicklung gemacht.
- *Abschlussbericht:* Alle Ergebnisse und Erkenntnisse werden in einem Zahlenwerk und differenzierten Abschlussbericht zusammengefasst, der wenige Tage nach dem Check zur Verfügung steht.

Nutzen: Die besonderen Vorteile liegen in der Effizienz, Anforderungsbezogenheit und Transparenz. Es werden wissenschaftlich überprüfte Verfahren eingesetzt, die schnell und valide sowohl für den Teilnehmer als auch für seinen Vorgesetzten überzeugende Ergebnisse liefern. Der Bewertungsmaßstab ist funktions- und stellenspezifisch und ermöglicht somit passgenaue Beurteilungen. Durch die klare Anforderungsbezogenheit und eine offene Diskussion der Eindrücke und Ergebnisse während des Führungs-Assessments erleben die Teilnehmer das Verfahren als fair und erkenntnisreich.

Talentmanagement-Konferenz

Ziel: Ein professionelles strategisches Talentmanagement durchläuft eine laufende, periodische Performance-Messung. Nur so verdient es den Namen »strategisch«, denn Strategien und Talente sind dynamische Prozesse und bedürfen einer laufenden Erweiterung und Optimierung. Die meisten Unternehmen vernachlässigen diesen wichtigen Schritt, der einen wesentlichen Erfolgsfaktor für ein erfolgreiches Talentmanagement darstellt. Einzelbewertungen von Einzelmaßnahmen sind nicht mehr ausreichend!

Vorgehen: Die Inhalte und Ergebnisse der eingesetzten Instrumente werden auf der Basis festgelegter Kriterien ausgewertet und zusammengefasst, z. B.:

- Welche Potenziale sind bei welchen Mitarbeitern vorhanden bzw. ausbaufähig? In welchen Geschäftsbereichen?
- Evaluation der Talent-Pools
- Bewertung der Instrumente
- Besprechung des Masterkompetenzmodells und möglicher einzelner Kompetenzmodelle für Funktionsbereiche
- strategische Einflüsse wie Wachstum oder Akquisitionen

Die Ergebnisse werden in der Konferenz präsentiert und diskutiert, das Talentmanagement wird strategisch auf die Folgejahre ausgerichtet, z. B.:

- Förderung/Positionierung der identifizierten Mitarbeiter
- Erweiterung der Talent-Pools
- Entwicklung/Optimierung der Talent-Programme
- Änderung/Anpassung der Kompetenzmodelle
- Bildungsmaßnahmen für Mitarbeiter, die sich nicht in Talent-Pools befinden
- Einsatz neuer und Weiterentwicklung bewährter Instrumente

Die Konferenz findet jährlich, möglichst im Vorfeld der großen Klausurtagung statt oder wird mit dieser vernetzt. Teilnehmer sind der Vorstand, die Personalabteilung und weitere wichtige Personen und Inhaber von Schlüsselpositionen. Nach der Zusammenfassung der besprochenen Ergebnisse wird eine Roadmap für das Folgejahr erstellt.

Nutzen: Durch die konsequente Performance-Messung sichern Sie sich

- die schrittweise Zielerreichung Ihres strategischen Talentmanagements,
- den qualitativen Einsatz und Umgang mit den Instrumenten,
- die Ausrichtung der Ziele und Initiativen an der Unternehmensstrategie,
- ein Gesamtverständnis des strategischen Talentmanagements.

Talente intern entwickeln und binden

Führungsdialog

Ziel: Mit diesem Instrument haben Führungskräfte die Möglichkeit, von ihren Mitarbeitern differenzierte Rückmeldungen zu ihrem Führungsverhalten zu bekommen. Die Ergebnisse werden, begleitet von einem Moderator, gemeinsam diskutiert und die Konsequenzen gemeinsam beschlossen.

Vorgehen: Im Vorfeld zum Führungsdialog erhalten die Mitarbeiter einen webbasierten Fragebogen zum Führungsverhalten der jeweiligen Führungskraft. Die Führungskraft erhält denselben Fragebogen zur Selbstauswertung. Ein externer Moderator oder Berater wertet die Ergebnisse aus und erstellt eine anonymisierte Gesamtübersicht. Der etwa dreistündige Führungsdialog wird vor Ort durchgeführt und moderiert. Ein telefonisches Vor- und Nachgespräch mit der Führungskraft runden die Vorbereitung und Nachbearbeitung sowie den Transfer ab. Wir empfehlen die Durchführung eines Führungsdialogs alle zwei Jahre.

Nutzen: Das Feedback vermittelt in der Regel neue Sichtweisen, mit denen die Vorgesetzten ihre Führungsarbeit verbessern können. Der moderierte Dialog fördert die Entstehung einer vertrauensvollen und professionellen Feedback- und Gesprächskultur zwischen Mitarbeitern und Vorgesetzten.

360-Grad-Feedback

Ziel: Die Performance und die Kompetenzen einzelner Mitarbeiter, z.B. Experte, Projektleiter oder Führungskraft, in Arbeitsstil und Kooperation durch Feedback verbessern und dabei die vertrauensvolle Zusammenarbeit mit Kollegen und Vorgesetzten weiterentwickeln. Auf Wunsch können die

Perspektiven von Kunden, Lieferanten, Dienstleistern und anderen Gruppen erschlossen werden.

Vorgehen: Die Feedbackgeber beurteilen eine Anforderung immer unter zwei Aspekten: dem Soll- und dem Ist-Wert. Damit wird ein bestimmtes Verhalten an den Ansprüchen der Kooperationspartner gemessen, nicht an einem abstrakten Werteschema. Ein webbasierter Fragebogen wird hierfür zur Verfügung gestellt. Die Resultate werden mit der Fokusperson in einem Coaching-Gespräch ausgeleuchtet und sollen zu einem selbstgesteuerten, bei Bedarf auch begleiteten Entwicklungsprozess führen.

Nutzen:

- Erkennen von Problemhintergründen und Verbesserungsmöglichkeiten in Bezug auf das Führungsverhalten
- Erfassen von Entwicklungspotenzialen
- Erkennen der Wirkungen im Business-Umfeld (kann sehr gut in die Entwicklung von Führungskräften oder im Rahmen von Coachings integriert werden)
- Liefert als Element der Leistungsbeurteilung wertvolle Hinweise

Team-Werkstatt

Ziel: Dieses Instrument verbessert die Teamperformance und die Teamatmosphäre über eine gesteuerte Auseinandersetzung mit den Themen »Kommunikation« und »Zusammenarbeit im Gesamtteam«. Die Team-Werkstatt ist immer dann notwendig, wenn sich die Aufgabe, die Zusammensetzung des Teams oder die Führung ändert.

Vorgehen: Themen der moderierten Werkstatt sind häufig unbewusste Verhaltensweisen sowie subjektive Wahrnehmungen und Empfindungen, die die Arbeit im Team behindern, über die im Arbeitsalltag aber nicht ständig reflektiert wird. Eine Teamentwicklung als Teil der Organisationsentwicklung bezieht die Reflexion der Zusammenarbeit auf das strategische Team-Ziel. Je nach Auftragsklärung können auch Roadmaps zur strategischen Umsetzung erarbeitet werden. Die Dauer einer Werkstatt ist unterschiedlich und erfordert eine differenzierte Auftragsklärung. Auch hier erhalten die

Mitarbeiter im Vorfeld eine webbasierte Befragung. In komplexen Teams werden stattdessen persönliche Interviews vorangestellt.

Nutzen: Die gute Zusammenarbeit im Team stellt einen wesentlichen Erfolgsfaktor für das Erreichen der Unternehmensziele dar und dient der Mitarbeitermotivation und -bindung (insbesondere in operativ geprägten Einheiten).

Personalentwicklungsmaßnahmen

Weiterbildung steht im Ruf, ein gutes Instrument der Mitarbeiterbindung und damit auch der Talentbindung zu sein. Dafür gibt auch der Mittelstand inzwischen viel Geld aus. Ambitionierte und talentierte Mitarbeiter wollen jedoch das lernen, was sie im Unternehmen weiterbringt. Und das ist in der Regel auch das, was das Unternehmen weiterbringt. Daher ist es unabdingbar, Weiterbildung für Talente strategisch auszurichten: an den Zielen des Unternehmens oder eines Bereichs sowie an den persönlichen Entwicklungszielen der Mitarbeiter (über strategisch ausgerichtete Personalentwicklung und entsprechende Maßnahmen erfahren Sie mehr im Kapitel 3.6, S. 95).

Instrumente für die externe Rekrutierung

Strukturiertes Auswahlinterview

Alle strukturierten Auswahlinterviews sollten ein einheitliches Format haben und an den Kompetenzmodellen ausgerichtet sein. Oft werden die Interviews von der Personalabteilung durchgeführt. Ziel sollte es aber sein, dass die Führungskräfte sie auch selbst durchführen können. Dafür werden sie in der Personalbeurteilung geschult, bekommen Gesprächsleitfäden und Beurteilungsbögen an die Hand. Es empfiehlt sich, auch für Rekrutierungsprozesse, die sich nicht auf Schlüsselpositionen beziehen, standardisierte Interviews zu verwenden (siehe dazu Kapitel 4, S. 131).

Online Assessment

Ziel: Schnelles, ortsunabhängiges und objektives Erfassen definierter Verhaltenskompetenzen und Motive sowie Abgleich mit einem Anforderungsprofil.

Vorgehen: Der Kandidat erhält die Zugangsdaten für ein oder mehrere (höchstens drei) Testverfahren oder Fragebögen zu seinen Kompetenzen und Motiven. Die Tests kann er an seinem Arbeitsplatz oder Wohnort durchführen. Die Ergebnisse werden automatisch an die Personalabteilung gesendet und dort ausgewertet.

Nutzen: Das Online AC ist ein objektives und effektives Personalbeurteilungsinstrument für Recruiting und Personalentwicklung. Es erhält eine noch höhere Aussagekraft, wenn ein funktionsspezifisches Anforderungsprofil hinterlegt ist. Es kann dann für die Vorauswahl hilfreich sein, wenn es sehr viele äußerlich geeignete Kandidaten gibt. Zusammen mit einem gut strukturierten Auswahlinterview kann es aufwendige Assessment-Center ersetzen. Es eignet sich auch für die Analyse des Trainingsbedarfs bei Personalentwicklungsmaßnahmen sowie als vorbereitendes Instrument beim Orientierungscenter.

Stolpersteine in der Praxis

Der größte Stolperstein in der Praxis besteht unserer Erfahrung nach darin, die vorhandenen Instrumente nicht an das strategische Gesamtkonzept anzupassen. Der Grund sind meist (vorgeschobene) finanzielle Engpässe oder Zeitmangel. Es kann aber auch sein, dass externe Dienstleister mit der Umsetzung beauftragt werden. Diese bringen oftmals ihre fertigen Instrumente mit und verkaufen sie als neu. Besteht der Auftraggeber nicht auf eine Ausrichtung an Personalstrategie, Talentdefinition und Kompetenzmodell, wird das System schnell untergraben, umso mehr, wenn verschiedene Dienstleister ihre Konzepte unkoordiniert an verschiedenen Stellen einbringen.

3.4 Potenzialprofile mit Entwicklungszielen sind der Kompass

Es ist wichtig, dass die Talentidentifikation mit einem übersichtlichen und verständlich dargestellten Ergebnis abschließt. Vorgegebene Ergebnisbögen dienen der einheitlichen und standardisierten Darstellung als Kompetenz- oder Potenzialprofil. Sie sollten drei wesentliche Informationen über die Person enthalten:

- Stärken und Schwächen: Welche Aufgaben fallen ihr leicht, welche erfüllt sie überdurchschnittlich gut? Welche Kompetenzen zeichnen sie aus und für welche Aufgaben bedarf es größerer Anstrengungen? Welche Kompetenzen müsste sie noch weiterentwickeln?
- Motive und Interessen: Welche Themen und Aufgaben interessieren die Person, was will sie noch lernen, wohin möchte sie?
- Welches Arbeitsumfeld benötigt die Person, um ihre Potenziale entfalten zu können: ein fachliches Umfeld, Prozesssteuerung oder Leitungsaufgaben im Projekt oder in einem Team?

Wie sehen standardisierte Potenzialaussagen aus?

Wesentliche Anforderung ist es, die Analyseergebnisse so zu sichern, dass andere Personen (Vorgesetzte, Personaler) sie auch später noch verstehen und vergleichen können. Die Ergebnisse aus den Instrumenten zur Talentidentifikation wie Mitarbeitergespräch oder Führungscheck enthalten in der Regel einen Zahlenteil und einen Textteil. Die Zahlen ergeben sich aus den Einschätzungen der Kompetenzausprägung durch Beobachter oder aus Testergebnissen. Der Zahlenteil ist wichtig, damit zwischen den verschiedenen Mitarbeitern bei aller Subjektivität eine Vergleichbarkeit hergestellt werden kann und die Ergebnisse auf das Gesamtunternehmen – andere Bereiche, andere Teams – übertragen werden können.

Der Textteil ist wichtig, um die Hintergründe, die spezielle Situation und die Gründe für die Einschätzung zu erläutern und für andere Leser (Führungskräfte, Personalverantwortliche) zu einem späteren Zeitpunkt nachvollziehbar zu machen. Hier darf und soll ein Stück weit der Mensch als Beurteiler und der Mensch als Beurteilter, vielleicht sogar mit einem kurzen

Zitat, zum Vorschein kommen. Im Praxisteil findet sich ein Beispiel für ein Potenzialprofil aus einem Mitarbeitergespräch (siehe Kapitel 3.3, S. 63).

Unser erstes Beispiel zeigt einen Auswertungsbericht aus einem Führungscheck. Es stellt ein Potenzialprofil dar, mit dem das Unternehmen oder ein Bereich weiterarbeiten kann. Die Mitarbeitenden selbst erhalten in der Regel nach einem ausführlichen mündlichen Feedback lediglich den Textteil.

Unternehmen Muster GmbH

Potenzial-Identifikation	
Instrument	Führungscheck
Name	Marta Mustermann
Ziel-Position	Abteilungsleitung
Aktuelle Position	Teamleiterin
Datum	2.2.2017
Angewendete Analyse-Instrumente	■ CAPTain-Analyse Compact mit Selbstbild ■ Fragebogen Berufliche Motivation ■ Interview ■ Szenario-Übung

Erläuterungen
Frau Mustermann fühlt sich motiviert, wenn sie Aufgaben mit einem hohen fachlichen Anspruch übertragen bekommt, die eine besondere Herausforderung darstellen. Sie arbeitet sehr selbstständig, benötigt wenig Vorgaben und identifiziert sich mit dem Unternehmen. Sie nimmt ihre Führungsrolle ein, fühlt sich verantwortlich für das Team und die Arbeit, möchte hierbei aber nicht dominieren. Sie versucht, die Meinungen und Stärken der Mitarbeiter zu berücksichtigen. Mit vielen Aufgaben beschäftigt sie sich noch selbst, was eher unüblich für eine Führungskraft mit großer Führungsspanne ist. Dies ist ihr sehr bewusst, daher arbeitet sie daran, mehr zu delegieren und sich weniger an Details zu orientieren. Frau Mustermann orientiert sich weniger an Autoritäten, sondern arbeitet sehr eigenverantwortlich und unabhängig. Sie erkennt das große Ganze, braucht Abwechslung und ist ehrgeizig. Sie arbeitet mehr pragmatisch und anlassbezogen als theoretisch, planerisch und systematisch.

In der Szenario-Übung (Mitarbeitergespräch) zeigte sie durchaus auch direktive Verhaltensweisen, die es ihr erlauben, Mitarbeiter zu konfrontieren und Gesprächsziele hartnäckig zu verfolgen. Sie hat ein gutes Rollenverständnis über die Teamleiter-Position, verfügt über Werte, die zum Unternehmen passen, und kennt ihre Stärken und Schwächen. Perspektivisch will Frau Mustermann in ihrem Fachbereich bleiben. Die derzeitige Position stellt sie zufrieden. Sie kann sich aber sehr gut eine deutliche Vergrößerung ihres Führungsbereichs vorstellen. Etwas nervös und unsicher wirkt sie dann, wenn sie sich außerhalb ihres Fachbereichs bewegt. Unter Stress (z. B. im Führungscheck) findet sie nicht immer die passenden Worte, um Situationen rasch und nachvollziehbar zu beschreiben (…).
Empfehlung
Wir sehen Frau Mustermann in einer Führungsposition, die ihrem Fachbereich entspricht. Auch einer Vergrößerung des Bereichs dürfte sie gewachsen sein. Dann kämen strategische und steuernde Aufgaben auf sie zu, für die sie noch zu wenig Planungskompetenz und Systematik zeigt. Hier bräuchte sie Unterstützung. Wir empfehlen bei einer deutlichen Vergrößerung des Teams ein Coaching oder die Teilnahme an einer kollegialen Supervisionsgruppe. Damit Frau Mustermann leichter und selbstsicherer mit Worten und Sprache umgehen kann, wäre womöglich ein Voice-Coaching hilfreich.

Ergebnis Einschätzung		
passt in vollem Umfang	erfüllt die Anforderungen noch nicht ganz	hat Entwicklungspotenzial für weitere Aufgaben
	X	X

Abb. 25: Potenzialprofil aus einem Führungscheck

Grundlage für den Bericht über Frau Mustermann war ein halbtägiger Führungscheck, bestehend aus Interview und Übungen mit vorangegangenem Online Assessment. Anschließend wurde für jeden Kandidaten eine Gesamtbewertungsmatrix aus Zahlen erstellt, die sicherstellte, dass die Ergebnisse miteinander verglichen werden können und in eine Rangliste münden.

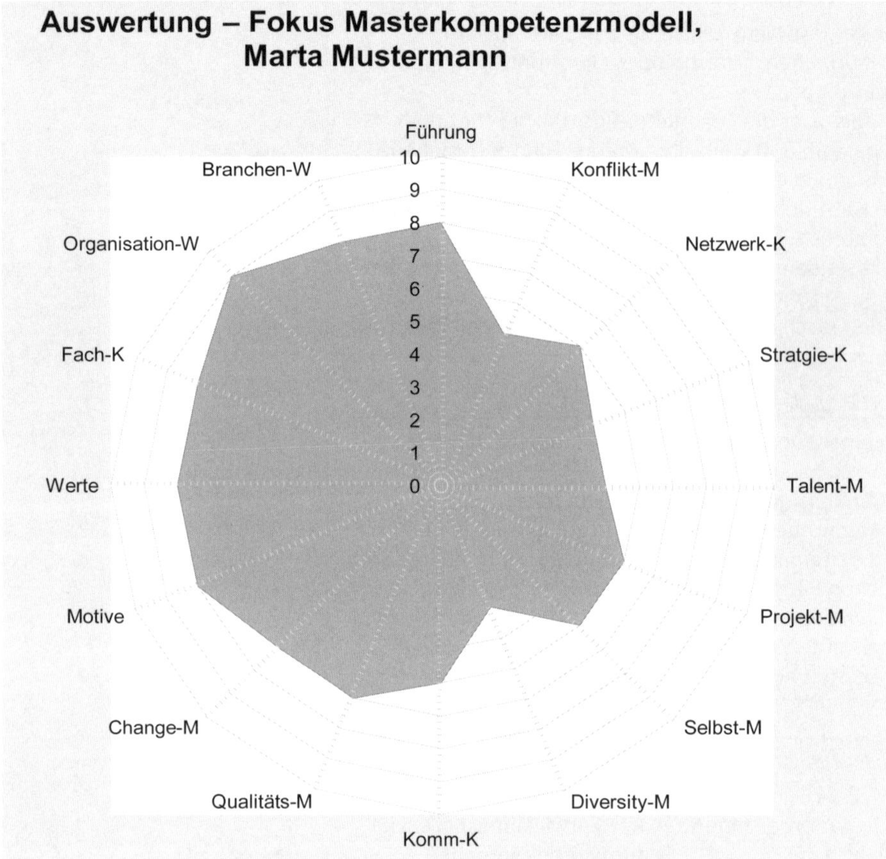

Abb. 26: Auswertungsmatrix (Ergebnis des Führungschecks)

Das zweite Beispiel zeigt einen Ergebnisbogen mit Entwicklungshinweisen aus einem Vertriebscheck (siehe Abb. 27), dem ein Online Assessment, ein strukturiertes Interview und eine sich daran anschließende gemeinsame Bewertung mit dem Vorgesetzten zugrunde lagen. Aus dem Ergebnisbogen wird deutlich, dass eine konkrete Anforderung zuvor sowohl für den eingesetzten Personaltest »CAPTain« als auch für den Fragebogen zur beruflichen Motivation festgelegt war.

Der Kandidat entspricht zu 57 Prozent der neuen Anforderung. Er verfügt schon über drei wesentliche Kompetenzen und zwei Motive. Da sich der Kandidat insgesamt entwicklungsorientiert zeigt, werden für ihn konkrete Maßnahmen im Textteil vorgeschlagen.

Name: Max Muster	Datum: 10.06.2016

Einschätzung der Regionalleitung über die bisherige Verkaufsperformance (**Regionalleiterin Frau Beispiel)**		
	ausgezeichnet	x
	mittel	
	eher unzulänglich	

CAPTain Ergebnis	Übereinstimmungskoeffizient in % (max.100)	57,4
	Entwicklungsorientierung (max. 10)	5
FBBM Ergebnis	Anzahl der erwünschten Motive (max. 4)	2
	Fehlen erwünschter Motive (max. 4)	-1
Stärken in Bezug auf das neue Anforderungsprofil	Kundensteuerung	7
	Systematik	6
	Überblicksorientierung	6

Entwicklungsfelder	**CAPTain Profilwert**	Veränderbarkeit			**Gesamteinschätzung Entwicklungspotenzial**	
		gering	mittel	hoch		
Arbeitsplanung	1			x	**Sehr gut**, keine speziellen Maßnahmen notwendig	
Empathie	4		x			
Selbstbeherrschung	6		x		**Gut**, spezielle Maßnahmen sinnvoll	x
Einflussnahme	5			x		
Selbstständigkeit	3			x	**Gering**, spezielle Maßnahmen kaum zielführend	

Notizen

Herr Muster ist ein erfolgreicher Verkäufer, seit sechs Jahren im Unternehmen.

Er zeigt im Gespräch eine offene Haltung gegenüber der neuen Verkaufsstrategie und deutliche Motivation für die eigene Entwicklung.

Speziell für den Bereich »Arbeitsplanung/kundenspezifische Verkaufsstrategien entwickeln« zeigt er großes Interesse.

Die Forderung nach mehr selbstständigem Arbeiten kommt seinen Wünschen entgegen.

Entwicklungsempfehlung:

Maßnahme: Strategische Planung

Maßnahme: Empathie und Offenheit im Kundenkontakt

Abb. 27: Potenzialprofil aus einem Vertriebscheck

Karriere- und Orientierungsgespräche

Die unterschiedlichen Analyse-Instrumente des Talentmanagements, aus denen Potenzial- oder Kompetenzprofile hervorgehen, haben immer ein Gespräch mit den betroffenen Mitarbeitenden zur Folge. In dem Gespräch wird über die Ergebnisse zum Beispiel eines Orientierungscenters informiert, die in das Profil eingeflossen sind. Hier werden auch mögliche Konsequenzen besprochen, etwa neue Aufgaben oder Herausforderungen, die Aufnahme in ein Personalentwicklungsprogramm, in einen Talentpool oder in ein Mentoring-Programm. Vielleicht wird aber auch nur der Ist-Zustand bestätigt oder die weitere Entwicklung abgewartet. Die Ergebnisse der Standortbestimmung werden mit den Wünschen und Plänen des Kandidaten abgeglichen. In jedem Fall ist auf beiden Seiten das Ziel, die gegenseitigen Erwartungen transparent zu machen.

Die Gespräche werden in der Regel mit dem Vorgesetzten geführt, zudem können der verantwortliche Personaler und ein Berater anwesend sein. Am Ende stehen klare Vereinbarungen über das weitere Vorgehen. Auch ein Jahresmitarbeitergespräch kann in Teilen ein Karrieregespräch sein. Es fasst die Leistungen und Kompetenzen eines ganzen Jahres zusammen und kann im Vergleich mit vorherigen Ergebnissen Entwicklungstendenzen aufzeigen. Besteht ein Potenzial für Schlüsselaufgaben, wird das vermerkt und an die Personalabteilung kommuniziert. Unter Berücksichtigung der Pläne und Motive des Mitarbeiters können hieraus direkt Fördermaßnahmen beschlossen werden. Die Talentbestimmung durch die Führungskraft kann aber auch durch eine externe Perspektive ergänzt werden: In einem Orientierungscenter geben externe Berater, Personaler und andere Vorgesetzte nach standardisierten Kriterien ihre Einschätzung ab.

Stolpersteine in der Praxis

Für kleine Unternehmen stellt sich schnell die Frage, wie viel Standardisierung nötig ist. Halten so aufwendige Profile nicht von der eigentlichen Arbeit ab? Reicht nicht auch eine Aktennotiz?
Unsere Antwort darauf ist: Auch einfache Standards sind sehr hilfreich, um später noch den Überblick zu behalten und Talentmanagement betreiben zu können. Sie sollten allerdings zu dem Aufwand und zu den Ergebnissen der Talentidentifikation passen. Aufwendige Instrumente, an deren Ergebnisse sich niemand hält, weil man entweder nicht davon überzeugt ist oder einfache Entscheidungen und Prozesse bevorzugt, sind große Stolpersteine. Sie hebeln unter Umständen das ganze Talentmanagement aus.
Wenn sich die Vorgesetzten auf einen Standard mit den drei wesentlichen Aussagen beschränken (Stärken und Schwächen, Motive und Interessen, Arbeitsumfeld) und diese objektiv erfassen, sichert das eine gewisse Vergleichbarkeit und gibt die notwendigen Hinweise für das weitere Vorgehen.

3.5 Auswertung: Kennzahlencockpit als Landkarte

Neben den Einzelauswertungen, sofern sie Zahlenwerte enthalten, ergeben sich vielfältige Möglichkeiten für statistische Auswertungen einer ganzen Gruppe oder mehrerer Gruppen.

Beispiel 1: Die Geschäftsführung braucht den Überblick

Die Geschäftsführung eines schnell wachsenden Unternehmens will für die aktuellen und vor allem künftigen Herausforderungen wissen, ob und wie viele der vorhandenen Führungskräfte für die zunehmende Zahl von Schlüsselpositionen vor allem in der Steuerung, in der Projektleitung und im Aufbau von Außendienststellen geeignet sind.

Abbildung 28 zeigt in der Mitte die zu besetzenden Funktionsbereiche. Das sind die Schlüsselpositionen des Unternehmens in einem speziellen Segment. Sie sind im Koordinatensystem nach den vorrangig erforderlichen Kompetenzbereichen »Menschenorientierung« sowie »Sach- und Strategieorientierung« sortiert.

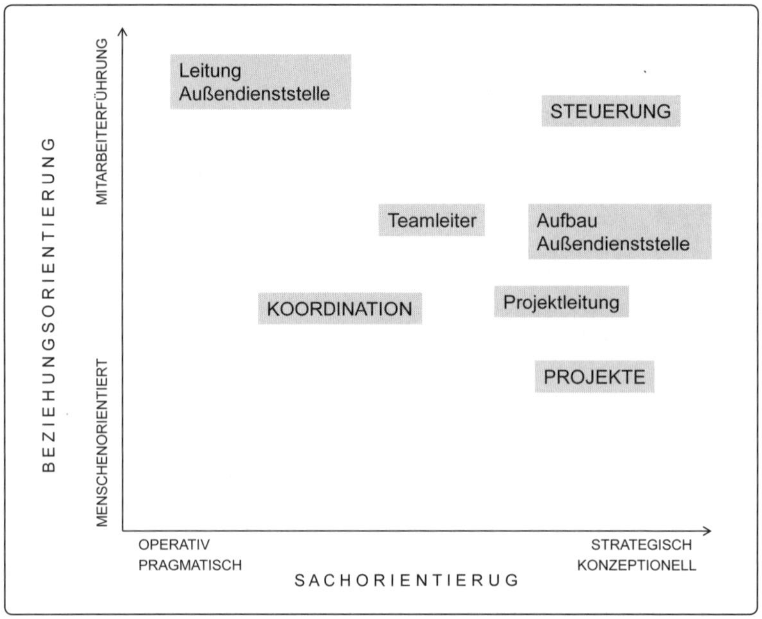

Abb. 28: Einsatzfelder für Führungstalente I

Nach dem Führungscheck stellt sich folgendes Bild dar:

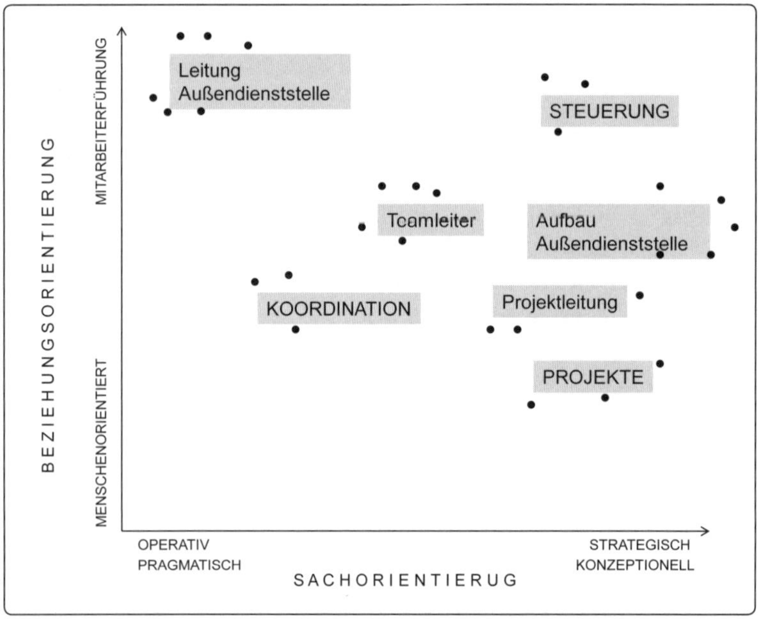

Abb. 29: Einsatzfelder für Führungstalente II

Für den Aufbau von Außendienststellen, für die Projektleitung und für die Steuerung stehen elf Personen zur Verfügung, die geeignet und motiviert sind, weiterführende Aufgaben zu übernehmen.

Beispiel 2: Vertriebsführungskräfte eines Technikunternehmens

Bei den Vertriebsführungskräften eines Technikunternehmens stellt sich die Frage, inwieweit sie schon für das künftig stark geforderte planerisch-strategische Vorgehen im Vertrieb geeignet sind. In einigen wichtigen Kompetenzbereichen hat die Gruppe erhebliche Defizite. Die Themen für eine zielorientierte Entwicklungsmaßnahme lassen sich daraus für diese Gruppe genau ableiten.

Die Strategiekompetenz der Gruppe muss noch wachsen. Bei der Kompetenz »Arbeitsplanung« erfüllen die meisten Kandidaten nicht die Anforderungen, und viele zeigen eine zu hohe Detailorientierung. Auch arbeiten sie noch zu wenig selbstständig und benötigen viele Vorgaben.

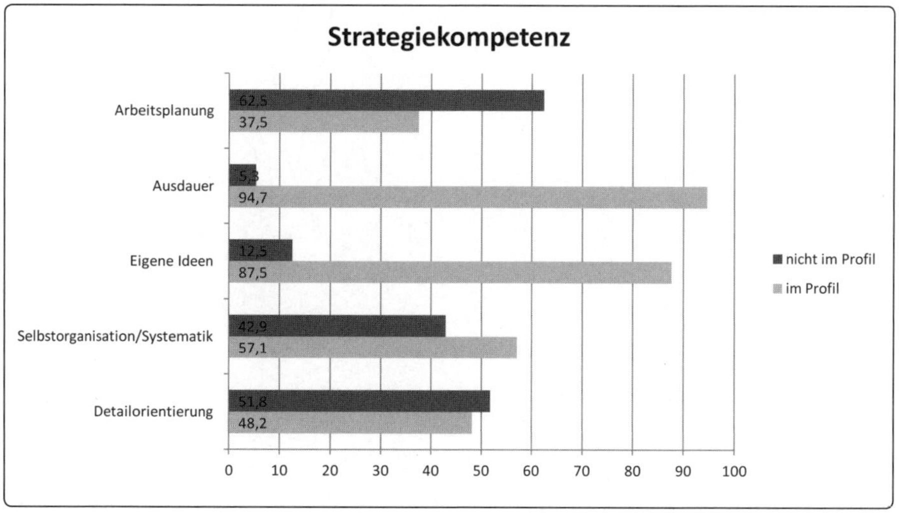

Abb. 30: Gruppenauswertung Strategiekompetenz

Beispiel 3: Vertriebsmitarbeiter eines Konsumgüterherstellers

Etwa 60 deutschlandweit agierende Vertriebsmitarbeiter eines Konsumgüterherstellers sollen sich künftig noch kundenorientierter und strategischer aufstellen. Daher werden sie nach Regionalgruppen getrennt und unter anderem mit einem Online AC auf die dafür erforderlichen Kompetenzen überprüft. Das Vertriebsmanagement wünscht keine Standardseminare, sondern will die einzelnen Gruppen gezielt und bedarfsorientiert schulen.

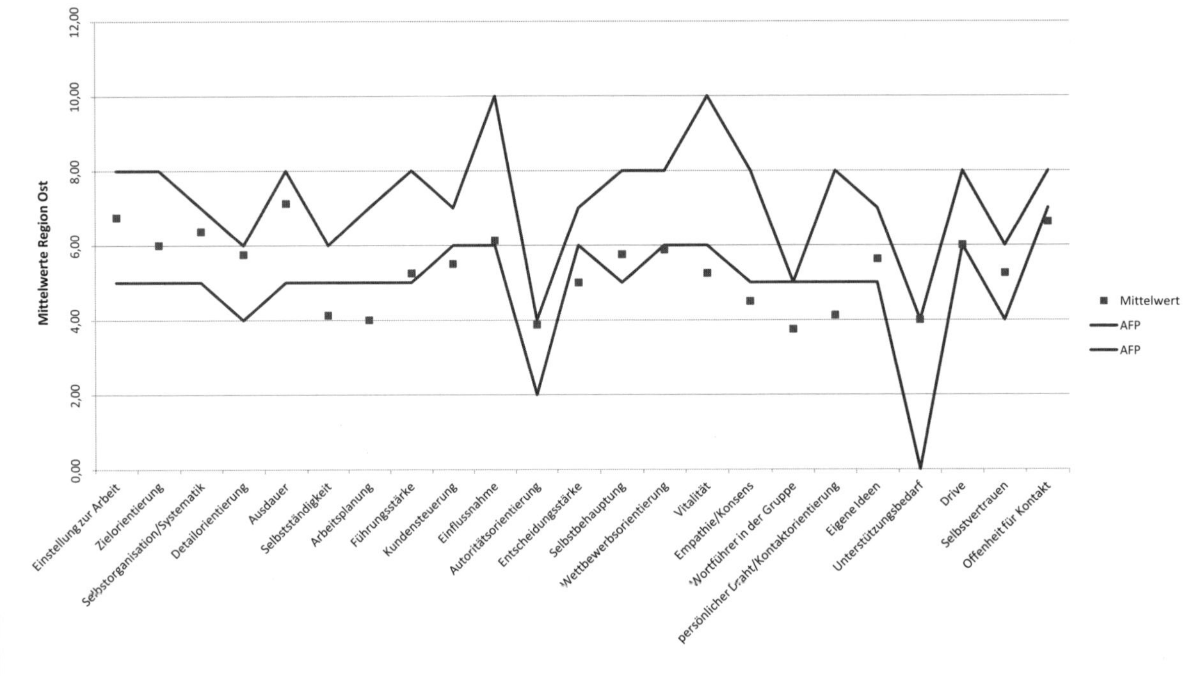

Abb. 31: Gruppenauswertung mit Anforderungsprofil über 23 Kompetenzen

Abbildung 31 zeigt zwei Kurven. Der Bereich dazwischen beschreibt das Anforderungsprofil. Die Kästchen sind die Mittelwerte aller Kandidaten der Gruppe. Deutlich wird hier: Die mit der Kurve beschriebene Gruppe soll entsprechend der formulierten Anforderung insgesamt mehr Selbstständigkeit entwickeln. In den Bereichen »Arbeitsplanung«, »Empathie« und »Kontaktorientierung« soll sie geschult werden. Hier liegt der Mittelwert der analysierten Kandidaten, wie die Grafik zeigt, nicht im Anforderungskorridor.

Für die gesamte Gruppe wurde erhoben, inwieweit sie dem neuen Anforderungsprofil entspricht. Das kann mit dem Profilkoeffizienten gezeigt werden. Die Zahlen und Einzelergebnisse werden schließlich in Talentkonferenzen von der Geschäftsführung und den zuständigen Vorgesetzten besprochen (siehe auch »Instrumente des Talentmanagements«, S. 72 ff.).

3.6 Die Segel richtig setzen: Personalentwicklung an Ergebnissen und Nutzen ausrichten

Etwa 80 Prozent der Teilnehmer sind in Personalentwicklungsmaßnahmen unter- oder überfordert. Im Falle einer ausführlichen Auftragsklärung können Trainer oftmals die Inhalte und Methoden einer Maßnahme kurzfristig an eine heterogene Teilnehmergruppe anpassen. Viele verlassen sich jedoch auf die allgemeinen Zielvorgaben der Personalabteilung, die oft aus Fortbildungskatalogen entlehnt und am »grünen Tisch«, also ohne die Beteiligten und Vorgesetzten, zusammengestellt wurden. An den wirklichen Erfordernissen des Unternehmens und am Nutzen für die Teilnehmer sind sie selten ausgerichtet.

Speziell Führungskräfteseminare sind in wirtschaftlich herausfordernden Zeiten gefragter denn je und für Personalabteilungen eine prestigeträchtige Aufgabe. Die weltweiten Ausgaben für Leadership Development werden auf 60 Milliarden Dollar geschätzt. Jährlich werden demnach zwischen 2 000 und 11 000 Dollar pro Teilnehmer ausgegeben, dennoch verbessert sich die Führungsperformance nach Erkenntnissen von Deloitte kaum (Krims 2016). Harvard-Professorin Barbara Kellermann hat die Defizite der »Leadership industry« schon 2012 entlarvt (Kellermann 2012).

Klassische Trainings setzen in der Regel an spezifischen Aufgabenstellungen von Führungskräften an. Lernprozesse sind verhaltensorientiert und zielen auf ein verändertes oder »optimiertes« Führungsverhalten. Das, was Führungskräfte in einer volatilen, komplexen und ambivalenten Berufswelt erfolgreich macht, sind jedoch persönlichkeitsnahe Verhaltensdispositionen wie Selbstvertrauen und Resilienz oder Haltungen wie Respekt und Freude an der Herausforderung, die in der Summe auch eine Führungs- und Unternehmenskultur prägen. Da klassische Trainings die zugrunde liegenden Haltungen, Verhaltensdispositionen und mentalen Modelle kaum erfassen und damit keine Persönlichkeitsentwicklung auslösen, bleiben sie letztlich unwirksam. Und sie bleiben erst recht unwirksam, wenn sie nicht an konkreten individuellen Entwicklungszielen und an strategischen Zielen ausgerichtet sind.

Achtung: Personalentwicklungsmaßnahmen sind nur dann nachhaltig wirksam, wenn sie eine Veränderung von Haltungen und Verhaltensdispositionen und nicht nur von äußeren Handlungen zum Ziel haben und die Lernmethoden darauf abstellen. Personalentwicklungsmaßnahmen sind zudem nur dann wirksam, wenn sie an spezifischen, zuvor analysierten Entwicklungszielen ausgerichtet sind.

Personalentwicklung an den Entwicklungszielen von Einzelnen und Gruppen ausrichten

Aus den Kompetenzprofilen, die aus Mitarbeitergesprächen, Orientierungscentern oder Führungschecks gewonnen werden, können für das Talentmanagement Maßnahmen mit spezifischen Inhalten und Zielen entwickelt werden. Das gilt auch für grundlegende Programme zum Beispiel für angehende Führungskräfte. Hier können die Vorgesetzten mit einem Fragebogen vorab zum Entwicklungsbedarf ihrer Mitarbeiter befragt werden. Liegen keine Kompetenzprofile und Entwicklungsziele vor, empfiehlt sich eine webbasierte Potenzialanalyse zur Standortbestimmung, deren Ergebnisse mit den (zukünftigen) Anforderungen abgeglichen werden. Diesen Abgleich können die Vorgesetzten, aber auch die Trainer vornehmen, die daran ihre Maßnahme ausrichten und die Teilnehmer individuell begleiten. Ein weiterer Vorteil eines solchen Testings vorab besteht darin, dass man das Entwicklungsfeld auch für eine Gruppe sehr übersichtlich abbilden kann. Das zeigen die beiden folgenden Grafiken.

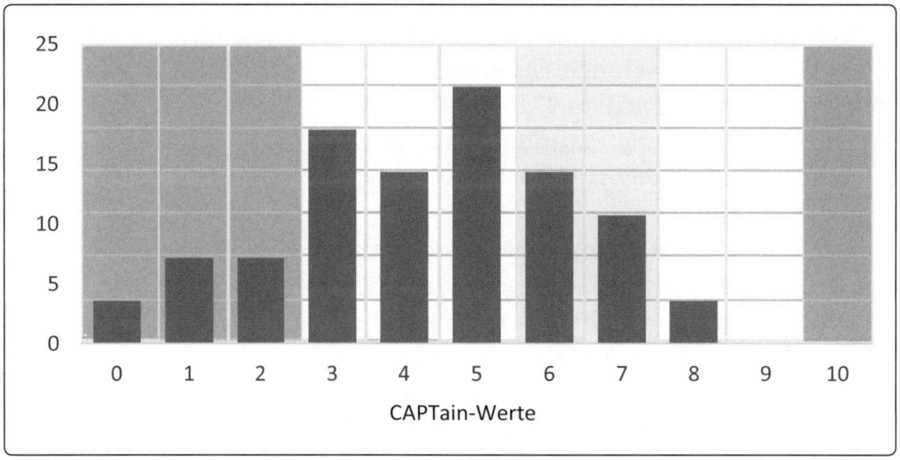

Abb. 32: Lernzielerhebung zum Thema »Führungsstärke« mit Anforderungsprofil (Quelle: CNT Gesellschaften für Personal- und Unternehmensentwicklung, Hamburg)

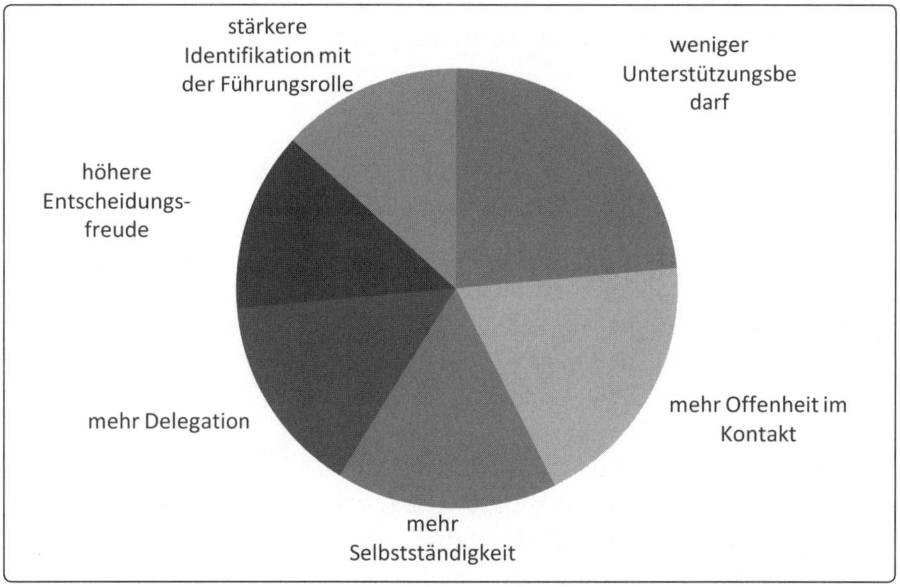

Abb. 33: Die sechs wesentlichen Lernfelder im Bereich »Führung« in einer Gruppe von Abteilungsleitern (Quelle: CNT Gesellschaften für Personal- und Unternehmensentwicklung, Hamburg)

Die Häufigkeitsverteilung mit Anforderungsprofil beim CAPTain-Personaltest zeigt auf, wie viele Personen mit ihren Werten innerhalb oder außerhalb des Anforderungsprofils der Dimension »Führungsstärke« liegen. Für diese Gruppe wird deutlich, dass die große Mehrheit wesentlich weniger Führungsstärke zeigt als gefordert. Ein Teil der Gruppe liegt sogar im unteren negativen Bereich.

Grundsätzlich besteht die Chance, aus den standardisierten Ergebnissen der Mitarbeitergespräche für ein ganzes Unternehmen passende Personalentwicklungsmaßnahmen zielorientiert zu planen und anzubieten. Hier sorgt eine nutzenorientierte Seminarbeschreibung dafür, dass sich in den Maßnahmen die richtigen Teilnehmer wiederfinden, die schon auf ihre spezifischen Lernziele fokussiert sind.

Die statistischen Auswertungen ermöglichen es, in den Schlüsselfunktionen Personengruppen zu identifizieren, die zu einem übergeordneten Thema, zum Beispiel »Beratungskompetenz für Verkäufer«, ganz unterschiedliche Lernfokusse haben. Während also die eine Gruppe im Baustein »Kontaktorientierung und Empathie« zusammengefasst wird, kann eine andere Gruppe einen Schwerpunkt im Bereich »Arbeitsorganisation« haben. Auch können innerhalb einer größeren Seminargruppe einzelne Lerngruppen zu Schwerpunktzielen gebildet werden. Es besteht zudem die Möglichkeit, dass diese Gruppen, angeleitet durch die Lerncoaches, gezielt voneinander lernen.

Höchster Qualitätsanspruch

Dieses nutzenorientierte Vorgehen stellt selbstredend einen neuen Qualitätsanspruch an die Personalentwicklung. Vorabanalysen mögen zunächst als umständlich und kompliziert erscheinen, haben jedoch eine hohe Nutzenorientierung der Lernprozesse zur Folge. Die daran ausgerichteten Maßnahmen können kaum Standardseminare sein, sondern sind immer spezifisch ausgerichtet. Und sie sind aufgrund der Fokussierung meist kürzer und intensiver, ihre Wirkung ist nachhaltiger. Für Trainer hat das weitreichende Folgen: Die standardisierten Anteile ihrer Seminare reduzieren sich. Aufgrund der vorgegebenen strategischen Ziele und der individuellen Entwicklungsziele der Teilnehmer muss jede Maßnahme individuell geplant und gegebenenfalls noch während des Trainings angepasst werden. Dies gilt vor allem für Maßnahmen, die eine Kompetenzerweiterung und Persönlichkeitsentwicklung zum Ziel haben. Hier fungiert der Trainer mehr denn je als individueller Lerncoach. Das Training wird in weiten Teilen zu einem Gruppencoaching, in dem jeder Teilnehmer immer wieder zu seinen persönlichen Entwicklungsanliegen beraten wird. Das Hinterfragen und das Reflektieren von Haltungen und mentalen Modellen durch Coach und Peers lösen hierbei wertvolle Lernprozesse aus. Als besonders hilfreich haben sich feste Lernpatenschaften unter den Teilnehmern erwiesen. Die Lernpaten setzen sich auch mit den konkreten Lernzielen ihres Gegenübers auseinander und unterstützen sich sowohl im Seminar als auch möglichst danach durch Feedback und Reflexionsgespräche.

Die Vorgesetzten haben dabei ebenfalls eine wichtige Funktion: Der eigentliche Lernprozess findet immer in der Praxis statt. Da sie die Entwicklungsziele ihrer Mitarbeiter kennen, können sie als Lernbegleiter fungieren, indem sie ihre Mitarbeiter während der Umsetzungsphase nach dem Seminar beobachten und ihnen ein hilfreiches Feedback geben. Gezielte Gespräche mit der Führungskraft nach jedem Präsenzseminar können die gegenseitige Erwartungshaltung transparent machen: Welches neue Verhalten will der Mitarbeiter ausprobieren? Welche veränderte Haltung liegt dem zugrunde, und welche Methode soll angewendet werden? Wozu benötigt er Feedback? Das sichert den Lernerfolg und motiviert. Die Vorgesetzten werden insgesamt deutlich mehr einbezogen. Das setzt voraus, dass sich der zuständige Talentmanager als Sparringspartner der Führungskräfte auf Augenhöhe versteht und von ihnen akzeptiert wird (zur neuen Rolle der Vorgesetzten siehe S. 101).

Die Lernzieltaxonomie soll verdeutlichen, dass die Intensität des Lernens und der Verhaltensänderung mit der Ausprägung der hier beschriebenen maßgeschneiderten Lerninhalte und Lernformen steigt.

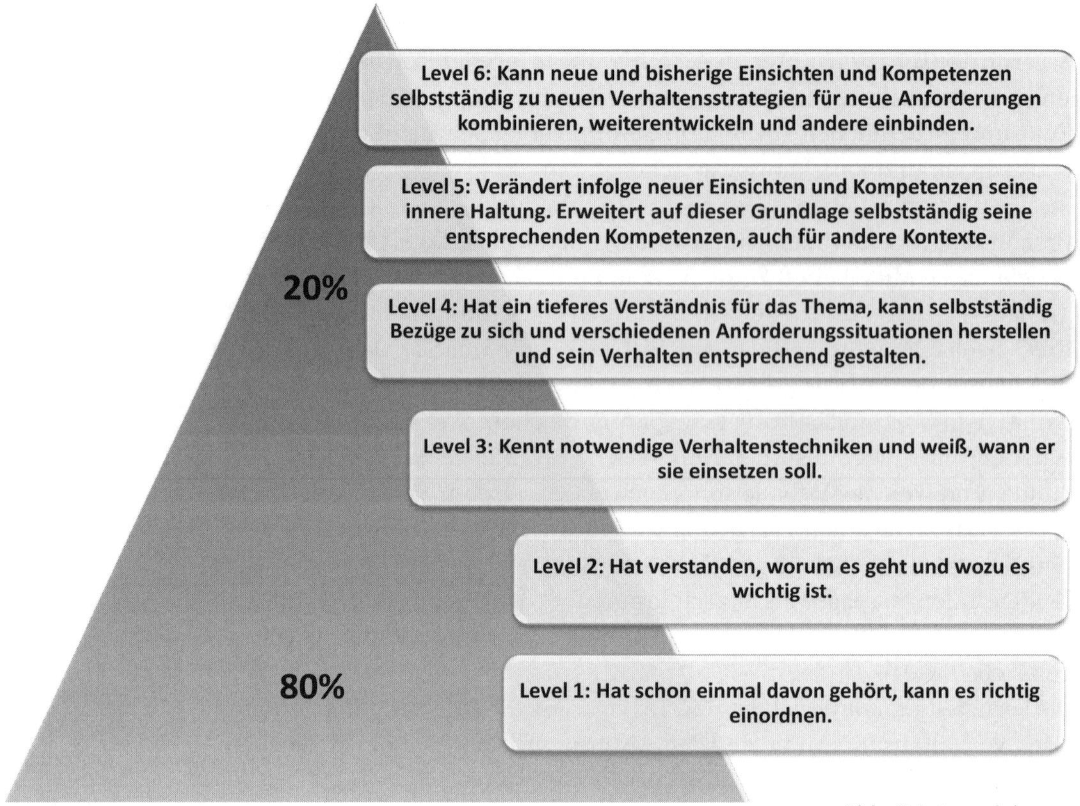

Abb. 34: Lernzieltaxonomie (Quelle: diePartner GmbH)

Talentmanagement bedeutet eine hohe Zielorientierung und eine individuelle Personalentwicklung

Viele herkömmliche Verhaltenstrainings haben einen geringen Return on Investment. Geschätzt vermitteln 80 Prozent aller Trainings Wissen auf dem Level »Der Teilnehmer weiß nun genauer, was von ihm erwartet wird« (1 bis 3 auf unserer Lernzieltaxonomie). Das von Personalentwicklern und Vorgesetzten gewünschte Lernziel liegt aber oft genug auf dem Level »Der Teilnehmer gewinnt neue persönliche Einsichten, verändert seine Haltung und kann sein Verhalten entsprechend der Anforderungen gezielt gestalten und weiterentwickeln« (Level 4 und höher). Das erreichen nur etwa 20 Prozent der Maßnahmen.

Mit einem maßgeschneiderten und anwendungsorientierten Training werden anspruchsvolle Lernziele auch für komplexe Verhaltenskompetenzen und Haltungen erreicht. Der weitere Nutzen besteht in

- der Selbstlernkompetenz und Eigenmotivation der Teilnehmer,
- der hohen Zufriedenheit der Vorgesetzten,
- der Transfersicherung und Nachhaltigkeit,
- dem Nachweis des Lernerfolgs.

Selbstlernkompetenz

Transparenz der Lern- und Entwicklungsziele, Feedbackprozesse, Transferbegleitung durch den Vorgesetzten und Coaching-Anteile im Training sind die Voraussetzungen dafür, dass sich die Teilnehmer von Personalentwicklungsmaßnahmen aktiv und selbstständig um ihren Lernfortschritt bemühen. Die Basis für Selbstlernkompetenz ist die eigene Motivation. Menschen, die ihre Entwicklungsziele genau kennen und ihre Sinnhaftigkeit verstehen, sind nicht mehr passive Konsumenten standardisierter Angebote, sondern motiviert, das zu erfahren und einzuüben, was für ihre aktuellen Anforderungen oder künftige Herausforderungen wichtig ist. Damit erfüllen sie die Voraussetzung, ihren eigenen Lernprozess mitzugestalten, Themen und Vorgehensweisen einzufordern und sich in Transferphasen Feedback zu holen. Diese Lernform entspricht in hohem Maße den Vorstellungen der jungen Generation von Fach und Führungskräften, der sogenannten Generation Y.

»Führen heißt vor allem Menschen wecken.« (Anselm Grün)

Modernes Rollenverständnis für Führungskräfte: Lerncoach »on the job«

Talentmanagement ist weit mehr, als den Lernbedarf von Schlüsselmitarbeitern zu erfassen und geeignete Personalentwicklungsmaßnahmen zu organisieren. Die eigentlichen Personalentwickler der Mitarbeiter sind künftig mehr denn je die Führungskräfte selbst. Sie beobachten ihre Mitarbeiter in Performance und Kompetenz über längere Zeiträume und identifizieren dadurch Talente, die es speziell zu fördern gilt. Von der Personalabteilung werden sie dahingehend unterstützt, dass sie standardisierte Beobachtungs- und Beurteilungskriterien, Beurteilungsinstrumente und -hilfen an die Hand bekommen. Hier sammeln sie die Ergebnisse ihrer permanenten »Feldbeobachtung«. Daraus entstehen differenzierte Erkenntnisse über Stärken und Defizite der Mitarbeiter. Auf diese Weise erwerben die Vorgesetzten in ihrer neuen Rolle als Talentmanager zusätzlich die Kompetenz der professionellen Personalbeurteilung.

Fördermaßnahmen müssen keinesfalls »off the job« stattfinden (wie Mentoring oder Seminare). Vielmehr können Mitarbeiter ihre Stärken ausbauen, indem sie von ihren Vorgesetzten neue Aufgaben oder herausfordernde Projekte übertragen bekommen. Für motivierende Herausforderungen und konstruktives Feedback kann in besonderem Maße die Führungskraft sorgen. Das tut sie jedoch nur dann, wenn sie nicht befürchten muss, dass ihre eigene Abteilung durch die Talentförderung »ausblutet«. Wenn Talentmanagement als Teil der Unternehmensstrategie bei allen Führungskräften als sinnvoll und nutzbringend für den Unternehmenserfolg anerkannt ist, können sie damit rechnen, dass das eigene Team immer wieder davon profitiert. Und Vorgesetzte werden im Talentmanagement aktiv, wenn sich ihre Erfolge darin auch auf das eigene Fortkommen auswirken. Talentmanagement sollte daher unbedingt Bestandteil der Ausbildung und Beurteilung von Führungskräften sein. Die Boston Consulting Group zeigte 2015 in einer Studie einen deutlichen Zusammenhang zwischen dem Engagement der Führungskräfte für Talentmanagement und dem Unternehmenserfolg auf (siehe dazu Abbildung 6 auf S. 23).

Führungskräfte sind auch gefragt, wenn es um die Einarbeitung neuer Mitarbeiter geht. Da Talentmanagement schon bei der Personalauswahl mit objektiven Anforderungsprofilen und Beurteilungskriterien beginnt, sollte jede Führungskraft ein Kompetenzprofil des neuen Mitarbeiters haben, aus dem sich nicht nur ein praktischer, sondern vor allem ein kompetenzaufbauender Einarbeitungsplan erstellen lässt. Standardisierte Einarbeitungspläne sind die Basis für Personalentwicklung »on the job«. Sie werden im Mittelstand immer wichtiger, da es aufgrund des Fachkräftemangels insbesondere in ländlichen Regionen immer schwieriger wird, Schlüsselpositionen mit Personen zu besetzen, die den Anforderungen genau entsprechen. In Zukunft wird es zunehmend darauf ankommen, Personen mit Basispotenzial und hoher Lernbereitschaft einzustellen, die größtenteils »on the job« fit gemacht werden.

In der Arbeitswelt von morgen, in der sich autonome Teams und selbstorganisierte Netzwerke mithilfe cloudbasierter Tools selbst steuern und der Fachkräftemangel zunimmt, während die Loyalität gegenüber Arbeitgebern sinkt, können sich Führungskräfte nicht länger als Steuerer und Kontrolleure in hierarchischen Strukturen verstehen. Thomas Sattelberger, Themenbotschafter der Initiative »Neue Qualität der Arbeit«, sprach schon 2014 von einem Paradigmenwechsel: »Geführte erwarten zunehmend andere Menschenführung.« In Zusammenarbeit mit dem Bundesministerium für Arbeit und Soziales kommt die Initiative 2014 in der Studie »Führungskultur im Wandel« zu dem Ergebnis, dass künftig agile Arbeitsformen für eine geringere Komplexität und damit für mehr Innovationskraft sorgen sollen. Die neuen Anforderungen in Form von Wertewandel, Digitalisierung und Arbeit 4.0 erfordern ein neues Führungsverständnis (www.inqa.de/SharedDocs/PDFs/DE/Publikationen/fuehrungskultur-im-wandel-monitor.pdf).

»Führungskräfte müssen sich entwickeln, wenn sie sich nicht überflüssig machen wollen«, schreibt Nora Heer (Heer 2016). Junge Fach- und Führungskräfte wollen der Studie zufolge einen coachenden Chef, der mit ihnen Ziele vereinbart und sie bei ihrer beruflichen und persönlichen Entwicklung begleitet. Dieses Verhalten entspricht weitgehend dem modernen Rollenverständnis, das von Vorgesetzten als Talentmanager erwartet wird.

Neues Rollenverständnis für Personalentwickler und Talentmanager

Auch in kleineren und mittelständischen Unternehmen macht es Sinn, Talentmanagement als systematischen Prozess mit eigener Zuständigkeit zu betreiben. Laut dem Mittelstandsbarometer von Ernst & Young aus dem Jahr 2015 beklagt gut jeder zweite Mittelständler Umsatzeinbußen infolge des Fachkräftemangels. In jedem Betrieb gibt es aber Fach- und Nachwuchskräfte, deren Potenzial nicht voll ausgeschöpft wird. Entscheider können auch in kleinen Unternehmen nicht mehr ohne weiteres Mitarbeiterpotenziale by »walking around« erkennen (Preußler 2014). Deshalb gilt es, einen zuständigen Experten für Talentmanagement zu benennen, der ein Budget und die Rückendeckung der Geschäftsführung hat und aus unserer Sicht drei wesentliche Rollen einnimmt:

Strategischer Planer

Talentmanager kennen die Unternehmensziele und die Geschäftsstrategie. Daraus leiten sie in Abstimmung mit dem Management ihre Strategie für das Talentmanagement ab. Die Basis hierfür ist eine Schätzung des konkreten Bedarfs an Mitarbeitern in Schlüsselpositionen für die kommenden Jahre. Zur strategischen Planung gehört auch, die Schlüsselkompetenzen für aktuelle und künftige Herausforderungen zu benennen und in ein Kompetenzmodell einzubauen. Hierbei gilt es, die Entscheider im Unternehmen einzubeziehen und ihre Einschätzung in die Kompetenzanforderungen einfließen zu lassen. Auch die Definition und regelmäßige Aktualisierung des unternehmensspezifischen Talentbegriffs obliegt dem zuständigen Talentmanager. Hierfür muss er ein explizites Rollenverständnis und entsprechende planerisch-strategische Kompetenzen entwickeln. »Führungskräfte bemängeln, dass der Human-Resources-Bereich businessgetriebene Probleme zu wenig versteht und daher kaum wirksam agiert. Zu sehr sehen sich Personaler als ›Dienstleiter auf Abruf‹, als dass sie sich gegenüber der Geschäftsführung als effektiver Problemlöser bei strategischen Personalfragen positionieren könnten« (Nagler 2013, S. 78).

Die Rolle des strategischen Planers erfordert, dass Talentmanager ihren Auftrag von der Geschäftsführung haben müssen, um auf Augenhöhe agieren zu können. Dazu müssen sie den Beweis antreten, dass sie ihre Aktivitäten auf den konkreten Nutzen ausrichten: »Der strategische Nutzen für den Unternehmenserfolg muss die Basis sein für die Konzipierung und Beschreibung der konkreten Aufgaben und Anforderungen in den aktuell wichtigsten Human-Resources-Kernprozessen wie Talentmanagement oder Learning Management« (ebd.).

Kreativer Gestalter

Talentmanager haben weniger eine operative als eine gestaltende und steuernde Rolle. Indem sie beispielsweise gemeinsam mit externen Beratern standardisierte Mitarbeitergespräche mit Ergebnisbögen und Talentaussagen konzipieren und deren Einführung und Umsetzung steuern, gestalten sie Teilprozesse des Talentmanagements. Die Führungskräfte werden so in der Durchführung der Mitarbeitergespräche zu abteilungsspezifischen Talentmanagern gemacht. Andere Teilprozesse können strukturierte Bewerbungsprozesse oder Orientierungscenter sein, die sie mithilfe externer Berater oder anderer Personalexperten so gestalten, dass sie dem Talentmanagement im Unternehmen dienen und an ihm ausgerichtet sind. Ziel ist es, die verschiedenen Vorgehensweisen und Instrumente am strategischen Kompetenzmodell auszurichten.

Verantwortlicher Controller

Human-Resources-Manager müssen Maßnahmen an konkreten Zielen ausrichten und eigene Ergebnisse mit fundierten Instrumenten auf den Prüfstand stellen. Controlling ist insbesondere für das Talentmanagement unverzichtbar. Ein Personalbereich, der sich für das Ergebnis einer Maßnahme in der Verantwortung sieht, wird im Vorfeld systematisch definieren, welche Inhalte und welches Vorgehen Erfolg versprechen.

Um die Wertschöpfung einer kostenintensiven Entwicklungsmaßnahme messen zu können, müssen zuvor gemeinsam mit den Vorgesetzten die Ziele formuliert werden, die die Teilnehmer in Bezug auf Methoden und Kompetenzen erreichen sollen. Am besten misst man die Kompetenzausprägungen der Teilnehmer vorher und nachher. Wenn es zum Standard wird, die Vorgesetzten in einen solchen Prozess einzubeziehen, kann auch der Transfer neu erworbener Kompetenzen in den Berufsalltag begleitet werden.

In einer solchen Vorgehensweise steckt freilich das Risiko, Ziele zu verfehlen. Zielorientierung und Risikofreude sind daher zwei wesentliche Kompetenzen von Talentmanagern in der Rolle des verantwortlichen Controllers.

Budget und Aufwand konzentrieren sich auf die Standortbestimmung und die Entwicklungsziele

Im Unterschied zu traditionellen Vorgehensweisen der Personalentwicklung liegt der Schwerpunkt beim Talentmanagement in der differenzierten Standortbestimmung und im Erfassen von Entwicklungszielen. Gibt es ein Kompetenzprofil, sind die Schlüsselpositionen benannt und ist der Talentbegriff festgelegt, werden sich die neuen Instrumente zur Talentidentifikation schnell als Standard im Unternehmen durchsetzen. Die eigentliche und wirkungsvollste Intervention ist die differenzierte Lernzielbestimmung. Die daran anschließenden Maßnahmen finden größtenteils »on the job« statt, gelernt wird zunehmend in der Praxis. Deshalb kann die Weiterbildung nicht mehr undifferenziert an Dienstleister delegiert werden. Externe Seminare werden abgelöst durch effektive und maßgeschneiderte Inhouse-Programme und Einzelcoachings.

Stolpersteine in der Praxis

Der wesentliche Stolperstein ist hier, dass in fast keiner Human-Resources-Abteilung, es sei denn sie gehört zu einem größeren Konzern, eine verantwortliche Funktion oder Person benannt wird, die allein für das Talentmanagement zuständig ist und genau diese Rollen ausfüllt. In der Regel verbleibt die Rolle des strategischen Planers beim Personalleiter, der sich regelmäßig mit der Geschäftsleitung austauscht und die strategische Ausrichtung bestimmt. Ähnlich wird es mit der Rolle des verantwortlichen Controllers sein. Die Gefahr hierbei ist, dass die Personalleitung wegen ihrer zahlreichen anderen Aufgaben und Rollen und der mangelnden Nähe zur operativen Umsetzung eher zum Bremser wird. Die Herausforderung besteht darin, einer Person über die drei Rollen den direkten Draht zur Geschäftsführung zu ermöglichen.

3.7 Evaluation: Klar Schiff machen für die nächste Etappe

Der gesamte Talentmanagement-Prozess ist Gegenstand einer regelmäßigen Überprüfung. Kennzahlen, Maßnahmen und Interventionen, die in der letzten Talentmanagement-Konferenz vereinbart wurden, sollten auf ihre Wirksamkeit und ihren Erfolg überprüft werden. Dabei lauten die wesentlichen Fragen immer: Sind wir auf dem richtigen Weg, finden wir Akzeptanz im Unternehmen? Wo besteht noch Verbesserungsbedarf?

Evaluation der Maßnahmen und der Strategie

Welche Evaluationsmethoden auch immer gewählt werden, im Fokus stehen die Fragen:

- Erreichen die einzelnen Maßnahmen ihre Ziele? Was verändert sich durch die Führungskräfteentwicklung (siehe Abb. 35 und Abb. 36, S. 108 f.)? Sind die ausgewählten Personen auf ihren Schlüsselpositionen erfolgreich? Konnten vakante Schlüsselpositionen besetzt werden?

- Wo liegen die Veränderungen in der Unternehmensstrategie für die nächsten Jahre und welche Auswirkungen haben sie
  - auf die Schlüsselpositionen? Müssen die Rollenbeschreibungen und Anforderungsprofile geändert werden? Gibt es neue Schlüsselpositionen? Sind andere Entwicklungsmaßnahmen aufgrund dieser Änderungen in den Schlüsselpositionen notwendig?
  - auf das Masterkompetenzmodell? Sind ganz andere oder weitere Basiskompetenzen im Unternehmen erfolgskritisch geworden?
- Wie geht die Organisation grundsätzlich mit dem Talentmanagement um? Sind die Vorgesetzten in der Rolle des »Talentmanagers vor Ort« angekommen?

Im Anschluss daran werden Kennzahlen und Maßnahmen für den nächsten Talentmanagement-Zyklus abgeleitet, definiert und mit der Geschäftsführung abgestimmt.

Evaluation ist mehr als »Happy sheets«

Haben Maßnahmen außer einem Titel keine Zielvorgabe, können sie nicht evaluiert werden. Maßnahmen im Rahmen des Talentmanagements haben aufgrund ihrer strategischen Ausrichtung an Unternehmenszielen und Kompetenzmodellen in der Regel immer konkrete Ziele. Sobald die Aussagen aus den Kompetenzprofilen und Einschätzungen der Vorgesetzten in individuelle Lernziele einfließen, hat jeder Teilnehmer die Möglichkeit, nach einer Maßnahme festzustellen, ob er seinen Entwicklungszielen näher gekommen ist. Das ist weit mehr als das, was in Standardfeedbackbögen nach Seminaren abgefragt wird. Die sogenannten »Happy Sheets« fragen bestenfalls nach der Verständlichkeit und Kompetenz der Dozenten oder danach, ob die angekündigten Inhalte auch vertreten und nützlich für den Arbeitsalltag waren.

Für mehrere Module oder Coachings insbesondere im Talentmanagement empfiehlt es sich, die strategischen und individuellen Entwicklungsziele für den gesamten Prozess vorab zu benennen. Grundlage dafür können Ergebnisse aus Mitarbeitergesprächen sein oder aus Personaltests, die vorbereitend durchgeführt wurden und die geforderten Kompetenzen erfassen. Werden die Personaltests nach der Maßnahme wiederholt, stellt sich nicht nur ein gefühlter Erfolg ein, sondern ein Lernerfolg für jeden Teilnehmer, den man durch eine statistische Auswertung auch für die ganze Lerngruppe beschreiben kann.

Fast die ganze Lerngruppe zeigte im CAPTain-Test vor dem einjährigen Führungskräfteprogramm in der strategisch wichtigen Kompetenz »Entscheidungsfreude« (Abb. 35) mittlere Ausprägungen von 2 bis 7 (hellgraue Balken). Nach der Maßnahme sind die Teilnehmer insgesamt bereiter und kompetenter, Entscheidungen zu treffen und dabei auch einmal Risiken einzugehen (dunkelgraue Balken 3 bis 9).

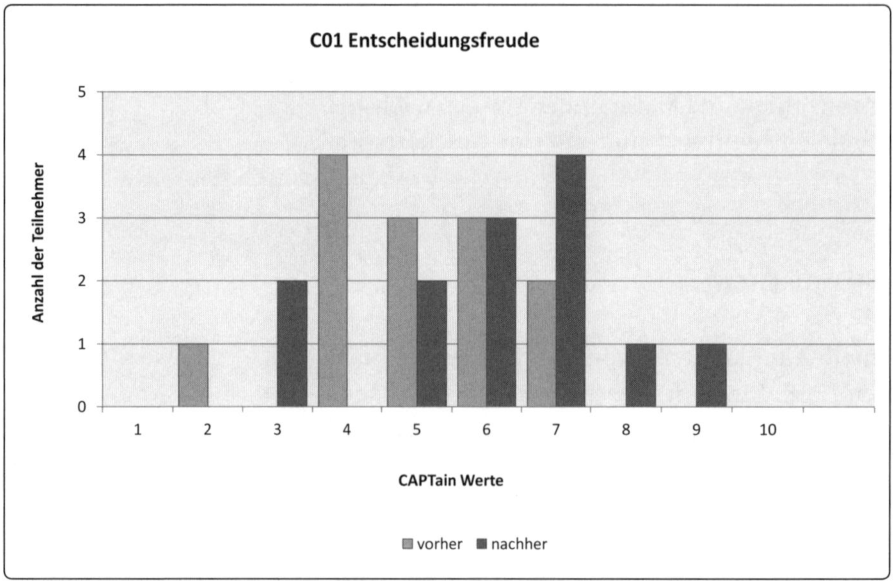

Abb. 35: Evaluation nach einer Führungskräfteentwicklung in einem mittelständischen Unternehmen (Quelle: diePartner GmbH 2014)

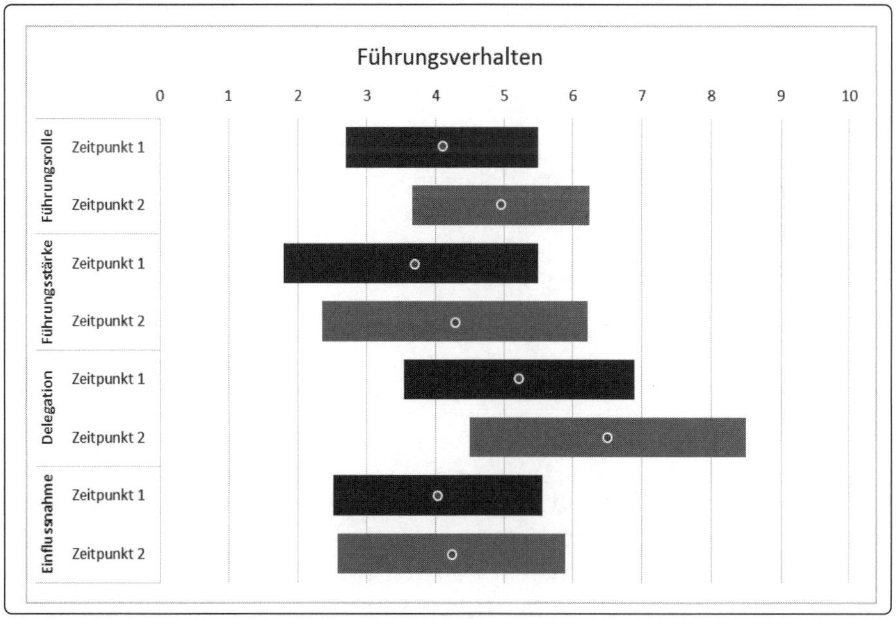

Abb. 36: Veränderungen im Führungsverhalten nach einer Maßnahme (Quelle: CNT Gesellschaften für Personal- und Unternehmensentwicklung, Hamburg)

Abbildung 36 zeigt einen Vergleich der Mittelwerte des Führungsverhaltens zu verschiedenen Zeitpunkten, zum Beispiel vor und nach einer Entwicklungsmaßnahme. Dargestellt werden die Mittelwerte der Gruppen als Kreis und jeweils eine Standardabweichung nach oben und unten als grauer Balken. Diese Gruppe zeigt nach der Maßnahme deutlich höhere Ausprägungen in den Verhaltensdimensionen »Führungsrolle«, »Führungsstärke« und »Delegation«.

Die Gesamtauswertung konnte bei diesem Beispiel über alle 34 gemessenen Kompetenzen zeigen, dass die Nachwuchsführungskräfte nach einem Jahr insgesamt deutlich mehr in ihre Führungsaufgabe hereingewachsen sind, indem sie beispielsweise deutlicher führen, delegieren und Entscheidungen treffen. Sie zeigten sich offener für Neues und wurden zum Motor für Veränderungen.

Mit solchen oder ähnlichen Auswertungen kann der Erfolg der Investition gegenüber der Geschäftsführung verdeutlicht werden. Die gesamte Maßnahme kann evaluiert und womöglich in Inhalt und Methode feinjustiert werden, wenn die gewünschten Ergebnisse nicht in allen Punkten erreicht wurden.

Stolpersteine in der Praxis

- Vorgesetzte argumentieren, sie hätten keine Zeit für Talentmanagement.
- Vorgesetzte befürchten den Verlust »ihrer Talente« im Team.
- Vorabanalysen werden als zu aufwendig abgeschmettert.
- Standardisierte Testverfahren werden vor allem im Mittelstand abgelehnt, manche haben mit unwissenschaftlichen Tests schlechte Erfahrungen gemacht.
- Passende Trainer oder Coaches zu finden erschwert die Arbeit, da Trainer die Mehrarbeit scheuen könnten, in Personalbeurteilung nicht ausgebildet und an einer konkreten Evaluation womöglich nicht interessiert sind.

3.8 Fazit der 7 Schritte

Qualifizierte Fachkräfte und Talente werden zu Bewerbern und schließlich zu loyalen Mitarbeitern dank einer für sie attraktiven Unternehmenskultur. Junge Menschen wollen zunehmend ihre persönlichen Ressourcen dort einbringen, wo sie sich mit ihren Werten, ihrer gesellschaftlichen Verantwortung und ihrem humanistischen Menschenbild wiederfinden. Da Unternehmenskulturen aus kollektiven Denkhaltungen und mentalen Modellen bestehen, sind sie nicht von heute auf morgen zu verändern. Dennoch müssen Unternehmen ihre Aufmerksamkeit auf eine Arbeitsumgebung richten, die modernen Ansprüchen genügt. Das beginnt mit einer transparenten Unternehmenspolitik und einer Werteorientierung, die Talente mitgestalten dürfen. Dazu gehören auch Work-Life-Balance, Gesundheitsvorsorge, Vertrauensarbeitszeit und mobiles Arbeiten. Und dazu gehört ein strategisches Talentmanagement, das nicht gläserne Mitarbeiter und Monsterstatistiken produziert, sondern das den Menschen mit seinen unentdeckten Potenzialen jenseits von Alter, Geschlecht und Nationalität in den Mittelpunkt stellt und ihm im Unternehmen den für ihn richtigen Platz zuweist.

Das bedeutet konkret Unterstützung bei der Berufsplanung, fördernde Führung auf Augenhöhe und eine regelmäßige Standortbestimmung anhand von Feedback und Potenzialgesprächen mit transparenten Beurteilungskriterien und Zielvereinbarungen. Und es bedeutet Förderung durch herausfordernde Projekte oder Aufgaben mit hoher Relevanz für das Unternehmen. Die richtige Auswahl der jeweiligen Herausforderungen erfordert Vorgesetzte, die wissen, was ihre talentierten Mitarbeiter können und was sie motiviert.

4. Beispiele aus der Praxis

In diesem Kapitel stellen wir zwei Praxisbeispiele aus ganz unterschiedlichen Branchen vor: Versicherungswirtschaft und Immobilienwirtschaft. Sie zeigen, wie man auch in kleinen Teilbereichen eines Unternehmens starten kann. Stellt sich der gewünschte Erfolg ein, lässt sich das Talentmanagement auf andere Bereiche übertragen, was wiederum stark von der Vernetzung und Kommunikation im Gesamtunternehmen sowie vom Rückhalt des oberen Managements abhängt. Die Beispiele verdeutlichen auch, wie sich die Zielstellungen durch neue Erkenntnisse und Bedingungen im Laufe des Prozesses verändern. Dadurch wird klar, dass die Einführung von Talentmanagement immer auch einen Veränderungsprozess bedeutet, den es professionell zu begleiten gilt.

In Kapitel 4.1 geht es um ein Talentmanagement zur Optimierung des Agenturvertriebs bei der Versicherungskammer Bayern 2014 bis 2016. Kapitel 4.2 beschreibt einen unvollendeten Talentmanagement-Prozess in der Vertriebsabteilung eines Elektronikriesen im Jahr 2014. Kapitel 4.3 behandelt die Einführung eines strategischen Talentmanagements bei der »Deutsche Wohnen AG« zwischen 2013 und 2016.

4.1 Talentmanagement im Vertrieb einer Versicherungsgesellschaft

Der Konkurrenzdruck in der Versicherungswirtschaft erfordert neue Strategien, um am Markt bestehen zu können. Klaus G. Leyh, Vorstandsmitglied der Versicherungskammer Bayern, erläutert das so:

»In den letzten Jahren hat sich das Verhalten unserer Kunden stark verändert. Sie sind anspruchsvolle Konsumenten, die moderne Servicewelten gewohnt sind. Sie informieren sich und kaufen im Internet genauso selbstverständlich wie bei herkömmlichen Vertriebskanälen, erwarten Transparenz und haben hohe Qualitätsanforderungen. In der Folge müssen Versicherungsunternehmen umdenken: Die Produkte sind aufgrund der gestiegenen Transparenz am Markt austauschbarer geworden. Produkte und Preise können daher nicht mehr das alleinige Unterscheidungsmerkmal darstellen. Vielmehr rückt der Service, den unsere Kunden entlang der gesamten Kundenreise (Customer Journey) erleben, in den Mittelpunkt.
Die Kundenreise beginnt bereits beim Kundenberater, der als Bindeglied zwischen Kunde und Versicherer wirkt. Kundenberater verkörpern durch ihr Tun die Dienstleistung der Versicherungsgesellschaft und machen unser Produkt erlebbar. Unsere unternehmerisch tätigen Agenturinhaber müssen die Funktion des Kontaktmanagers und Kümmerers wahrnehmen und ihre Kundenberater entsprechend führen.«

Zunächst wurde von der Versicherungskammer Bayern als neue Strategie ausgegeben: »Wir wollen den Vertriebserfolg steigern, indem wir im Agenturvertrieb die Zahl der Verkäufer ausbauen, um näher am Kunden zu sein. Damit mehr Kundenberater mehr Kunden beraten!« Daraus wurde ein strategischer Talentmanagement-Prozess mit einem qualifizierten Ausbau der Mitarbeiterschaft, einer professionalisierten Rekrutierung für neue Generalagenten und Agenturberater und einer kompetenzorientierten Einarbeitung und Führung der Verkaufsberater. »Als strategisches Ziel wurde deutlich: Steigerung des Vertriebserfolgs erfordert einen Vertrieb, der Kunden trotz Digitalisierung und Anonymisierung der Verwaltungsprozesse sehr persönlich berät, individuell begleitet und bindet. Und einen Vertrieb, der kontinuierlich neue Kunden gewinnt«, sagt Katharina Roßmann, Leiterin Vertriebsmanagement für den Agenturvertrieb der Versicherungskammer Bayern. Unter ihrer Leitung wurde das gesamte Programm umgesetzt.

Die Ausgangslage

Die wirtschaftliche Herausforderung der Versicherungsbranche besteht im Wesentlichen darin, dass

- die großen Produktinnovationen schwer zu finden sind,
- der Zinsmarkt die Versicherungsgesellschaften in Krisen stürzt,
- die Branche ein eher schlechtes Image hat, das durch »schwarze Schafe« am Versicherungsmarkt und durch Krisen in der Bankenwelt verstärkt wird,
- qualifizierte Mitarbeiter im Versicherungsvertrieb kaum zu finden sind und die Branche daher auf weniger qualifizierte Mitarbeiter zurückgreifen muss,
- der Beruf ein hohes Maß an fachlichen und vor allem sozialen Kompetenzen benötigt,
- Versicherungen, Sparkassen und Banken den Spagat zwischen der Beratung vor Ort (Face-to-face) und der Abwicklung und Beratung via Online-Medien noch nicht gelöst haben.

Die große Chance scheint zu sein, den völlig überfluteten Markt an billig erscheinenden Versicherungsprodukten durch eine qualifizierte Beratung und Betreuung zu erobern. Denn ein Kunde ist heute weniger denn je in der Lage, die vielfältigen Produkte mit ihren Leistungsmerkmalen in das Verhältnis zum Preis zu setzen. Die Sparkassen-Gruppe bietet mit ihrem Image und Markenwert einiges Potenzial hierfür.

»Die Herausforderung liegt nunmehr darin, Personen mit Potenzial einzustellen, sie intensiv zu entwickeln und an die Marke zu binden«, findet auch Katharina Roßmann. Gerade weil es wenig qualifizierte Bewerber gibt, wird strategisches Talentmanagement zu einer zentralen Voraussetzung für den Erfolg. »Im Kern war das schon lange vielen Beteiligten klar. Ich freue mich, dass wir jetzt dafür Lösungen haben und in die Umsetzung gehen«. Das Versicherungsunternehmen hat dafür einen Acht-Punkte-Plan aufgestellt. Die qualifizierte Einstellung von zusätzlichen Vertriebsmitarbeitern für die Agenturen war einer der zentralen Punkte – und zwar derjenige, für den die größte Steigerung der Produktivität und der Kundenzufriedenheit berechnet wurde. Daher war es naheliegend, aus dem, was vordergründig als Einführung einer qualifizierten Rekrutierung daherkam, ein nachhaltiges strategisches Talentmanagement zu machen.

Ziele des Gesamtprojekts

Die Ziele des Gesamtprojekts waren die Produktionssteigerung und die Kundenzufriedenheit im Agenturvertrieb. Das sollte durch eine noch intensivere Kundenbetreuung erreicht werden, für die mehr Kundenberater eingestellt werden. Unsere strategischen Überlegungen gingen jedoch weit darüber hinaus. Wir konnten beobachten, dass es einzelnen Agenturen durchaus gelang, erfolgreich Kunden zu binden und Neukunden zu akquirieren; andere blieben dagegen hinter den Erwartungen zurück. Das lag auch an den unterschiedlichen Bedingungen der regionalen Märkte, die nicht veränderbar sind. Unabhängig davon gibt es aber immer persönliche Kriterien, die erfolgreiche Agenturinhaber und Kundenberater von weniger erfolgreichen unterscheiden. Hier setzte unsere Beratung an: Wenn es gelang, diese Erfolgskriterien zu identifizieren und mit der Strategie des Personalausbaus zu verknüpfen, war mehr drin als nur »Mehr Kundenberater können mehr Kunden beraten.« Unser Ansatz lautete: Mehr Kundenberater mit Erfolgspotenzial können deutlich mehr Umsatz und zufriedenere Kunden generieren!

Dieser Ansatz überzeugte. Die Strategie wurde um wichtige Erfolgskriterien für die neuen Generalagenten und Verkäufer erweitert: Sie sollten in Zukunft mehr unternehmerisches Denken und Handeln und mehr Führungskompetenzen an den Tag legen. Für die Verkäufer bedeutete das einen stärkeren Fokus auf die Kundenzufriedenheit und mehr verkäuferischen Ehrgeiz. Dafür genügend Vertriebsmitarbeiter zu finden, zu entwickeln und zu binden, erforderte ein strategisches Talentmanagement.

Das Vorgehen in sieben Schritten sollte sich auch hier als passend erweisen. Nach den ersten Beratungen, in denen es um die Weiterentwicklung der Strategie und ihre Abstimmung ging, standen schnell die beiden weiteren Schritte fest. Die Schritte 4 bis 6 konkretisierten sich erst im Laufe des Prozesses.

Die 7 Schritte

1. Strategieentwicklung: Weiterentwicklung der vertriebsstrategischen Vorgaben in eine Strategie des Personal- und Talentmanagements für den Agenturvertrieb
2. Erarbeitung der Erfolgskriterien für die zwei Schlüsselpositionen im Agenturvertrieb: strategisches Kompetenzmodell – konkrete Aufgabenbeschreibungen und differenzierte Leistungserwartungen mit standardisierten, strategisch ausgerichteten Beurteilungskriterien
3. Optimierung und Objektivierung der Personalauswahl
4. Unterstützung des Vertriebsaußendienstes bei der professionellen Personalauswahl durch passende Instrumente:
   a) teilstrukturiertes Interview
   b) webbasierte Auswahlinstrumente: Vertriebskompetenzanalyse (VKA) für Vertriebsberater und CAPTain-Personaltest »Unternehmer« für Generalagenten mit strategisch ausgerichteten Anforderungsprofilen
5. Zwischenevaluation, Optimierung
6. Implementierung des Talentmanagements im Agenturvertrieb
7. Personalentwicklung:
   a) Schulung der Führungskräfte (Vertriebsleiter, Generalagenten) in der Personalbeurteilung, in kompetenzgerechter Führung und im Talentmanagement sowie Unterstützung mit entsprechendem Material
   b) zielgerichtete Personalentwicklung bei der Einarbeitung neuer Verkäufer und als Plan auch für vorhandene Verkäufer in den Agenturen.

Talentmanagement als Change

Die ersten vier Schritte wurden zunächst in einem einjährigen Pilotprojekt mit vier engagierten Vertriebsführungskräften und ihren Agenturen umgesetzt. Trotz der grundsätzlichen Bereitschaft, etwas zu verändern und Neues auszuprobieren, ging es dabei zunächst darum, Akzeptanz für die Veränderung herzustellen. Bisher hatten die Vertriebsführungskräfte neue Agenturberater in Eigenregie ausgewählt – mithilfe standardisierter Unterlagen der Versicherungsgesellschaft und eines allgemeinen Persönlichkeitstests. Strategisch hergeleitete Auswahlkriterien gab es nicht. Vielmehr entschied jeder nach willkürlich ausgewählten Kriterien, wer von den Bewerbern und Bewerberinnen vielversprechend war und ins Team passte.

Es ging daher zunächst auch darum, die Beteiligten ins Boot zu holen, indem man sie von der Notwendigkeit und den Vorteilen der neuen, einheitlichen Beurteilungskriterien und der konkret anforderungsbezogenen Beurteilungsinstrumente überzeugte. Das gelang zum einen dadurch, dass gezielt Wissen über die moderne Personalauswahl vermittelt wurde. Zum anderen wurden die Betroffenen mit ihrem Know-how und ihrer Erfahrung an der Veränderung beteiligt. Wir haben uns dabei an fünf Regeln orientiert:

5 Regeln für erfolgreiche Veränderung

1. Persönliche Glaubwürdigkeit der Führung beim Change
2. Mix aus Top-down- und Bottom-up-Steuerung (direktive Change-Steuerung von oben durch Selbstorganisation und Feedback von unten)
3. Kultur durch Personalentscheidungen verändern (Kultur = grundlegende kollektive Einstellungen, die Denken und Handeln beeinflussen)
4. Echte Dialoge führen, um die Beweggründe der Beteiligten zu verstehen und Gegensätze zu vereinen
5. Die echte Reform gilt der inneren Haltung/Einstellung

Konkret sah die Umsetzung dieser Regeln so aus: Nach der Ziel- und Strategieabstimmung vertraute die Bereichsleitung des Vertriebs der Programmleiterin Katharina Roßmann und uns (»diePartner GmbH«) die inhaltliche Ausgestaltung und professionelle Umsetzung an. Damit entstand eine Art Führungsduo aus interner Programmsteuerung und externer Beratung, das eng mit den vier Pilotführungskräften zusammenarbeiten konnte. Den Führungskräften kamen im Pilotprojekt drei wichtige Rollen zu: Sie waren an der Ausarbeitung und an der schrittweisen Umsetzung beteiligt und sie kommunizierten die neuen Vorgehensweisen in die Agenturen.

Top-down kamen jeweils Vorgaben und Vorschläge für die professionelle Personalauswahl, in die praktisches Know-how und erste Anwendungserfahrungen in Form von Feedbackschleifen einflossen. Dadurch entstand nicht nur ein differenziertes, sondern auch ein verändertes strategisches Anforderungsprofil für den Agenturvertrieb. Darauf aufbauend sollten die angestrebten Veränderungen der Vertriebskultur mittelfristig durch das neue Personal, aber auch durch eine entsprechende Führung in den Agenturen erreicht werden.

Hierzu gab es einen kontinuierlichen Dialog, um die Betroffenen als Spezialisten an dem Prozess zu beteiligen, mögliche Vorbehalte zu berücksichtigen und ihre Ideen einzubeziehen.

Das Ergebnis war, dass die Vertriebsführungskräfte, nachdem sie die neuen Handlungsoptionen ausprobiert und damit positive Erfahrungen gemacht hatten, schrittweise ihre Einstellung veränderten. Die anfängliche Skepsis gegenüber dem Eingriff in ihre Kompetenzbereiche wich der Neugier und schließlich der Akzeptanz der professionellen Personalauswahl. »Aus heutiger Sicht erleichtert der neue Prozess die Arbeit und schafft mehr Sicherheit«, war die einhellige Meinung der Pilotbeteiligten bei der Kickoff-Veranstaltung zur Einführung. »Mit den differenzierten Ergebnissen über Kompetenzen und Potenziale lässt sich auch die anschließende Einarbeitung und Führung der Mitarbeiter professionalisieren. Die Führungskräfte können nun sehr gezielt Entwicklungsmaßnahmen planen, umsetzen und evaluieren. Durch unsere Unterstützung kann die Führungskraft zum Talentmanager werden«, sagt Katharina Roßmann. Die Führungskräfte aus dem Pilotprojekt wurden bei der Einführung des neuen Prozesses im gesamten Agenturvertrieb als »Botschafter« hinzugezogen, um ihren Kollegen die Funktionsweise und den Nutzen aus der eigenen Erfahrung heraus zu erklären.

Der gesamte Prozess findet sich inzwischen in einem internen Handbuch für den Agenturvertrieb wieder, in dem auch das Kompetenzmodell, die Auswahlinstrumente und die Arbeitsmaterialien erläutert werden.

Die 7 Schritte in der Umsetzung

In diesem Kapitel wird es konkret: Wir schildern unsere Vorgehensweise und die dabei gemachten Erfahrungen. Die erarbeiteten Instrumente geben wir in Ausschnitten wieder.

Schritt 1: Die Strategie (weiter)entwickeln

Die Strategie des vornehmlich quantitativen Personalausbaus sollten wir in die eines komplexen und wirkungsvollen Talentmanagements umwandeln. Dabei stellten wir zwei Fragen: Was zeichnet erfolgreiche Agenturberater aus? Und was sollten diese im Unterschied zur bisherigen Vertriebspraxis vermehrt tun oder anders machen, um erfolgreicher zu sein? Die Antworten auf diese Fragen gaben uns die vier engagierten und erfahrenen Vertriebsführungskräfte. Gemeinsam mit der Programmleitung entwickelten wir die Strategie weiter. Sie hieß jetzt konkreter: Erfolgreicher Vertrieb geschieht durch kundenorientierte Beratung und effiziente Kundenakquise mithilfe eines ausreichend großen und höchst kompetenten Beraterteams. Daraus wurde die Strategie für das Talentmanagement im Agenturvertrieb abgeleitet, die nun als wesentlichen Erfolgsfaktor die Nutzung der Verkäuferpotenziale nannte:

- Zentrales Thema ist die Einstellung von zusätzlichen qualifizierten Vertrieblern, die nachgewiesen kompetent in der kundenorientierten Beratung und in der effizienten Kundenakquise sind.
- Bei der Auswahl neuer Generalagenten sollen darüber hinaus spezielle unternehmerische Kompetenzen ein nachweisbares Kriterium sein.
- Als Erfolgsfaktoren wurden die strategische Orientierung an den langfristigen Unternehmenszielen und ein standardisierter Auswahlprozess mit einheitlichen, objektiven Beurteilungskriterien beschrieben, bei denen regionalspezifische Besonderheiten berücksichtigt sind.
- Die Vertriebsleiter und Generalagenten werden in Personalauswahl, kompetenzgerechter Führung und Personalentwicklung geschult, um nachhaltig als Talentmanager arbeiten zu können.
- Der Gesamtprozess ist Bestandteil der Agenturentwicklung.

Katharina Roßmann, die das Programm von Anfang an verantwortete, spezifizierte die Zielstellung wie folgt: »Der Rekrutierungsprozess erhält eine strategische Ausrichtung und Positionierung durch differenzierte Anforderungsprofile und eine standardisierte, verbindliche Vorgehensweise. Daraus können zielorientiert Entwicklungsmaßnahmen abgeleitet werden.«

Diese drei wesentlichen Minimalkriterien waren dabei zu beachten, denn nur sie konnten den Erfolg sichern:

- quantitativer *und* qualitativer Ausbau der Agenturberater und Generalagenten
- Professionalisierung der Personalauswahl und Festlegung strategisch relevanter Auswahlkriterien
- Bindung erfolgreicher Mitarbeiter durch kompetenzgerechte Führung (zielgerichtete Einarbeitung mit Kompetenzaufbau, Feedbackkultur, Talentmanagement)

Schritt 2: Erfolgskriterien für Verkäufer mithilfe eines Kompetenzmodells

Der zweite Schritt stellte sich als der größte und komplexeste Schritt heraus. Grundlagenarbeit für ein Kompetenzmodell, Aufgaben- und Anforderungsbeschreibungen für den Agenturvertrieb – alles wurde mit der Pilotgruppe gemeinsam erarbeitet und abgestimmt.

Rollen- und Aufgabenbeschreibungen für die Schlüsselpositionen »Generalagent« und »Agenturberater«

Die Generalagenten leiten eigenständig ihre Agentur wie ein Unternehmen. Sowohl bei ihnen als auch bei den Agenturberatern handelt es sich ganz eindeutig um Schlüsselpositionen. Hierfür gab es zwar unterschiedliche Stellenausschreibungen, denen jedoch keine strategisch ausgerichtete Rollen- und Aufgabenbeschreibung zugrunde lag. Letztere ist aber eine wesentliche Grundlage für die Erarbeitung der Erfolgskriterien. Deshalb fragten wir die Vertriebsführungskräfte mit einem selbst erstellten Fragebogen, was der Generalagent und der Agenturberater genau machen. Was sind seine Aufgaben, welche Rollen muss er übernehmen, und was sind dabei die Herausforderungen? Welche Fähigkeiten und Kompetenzen werden erwartet und welche sind darüber hinaus erforderlich?

Ausschnitt aus dem Fragebogen für die Vertriebsführungskräfte

Rollen- und Aufgabenbeschreibung für Agenturberater:
Für die Erstellung eines Kompetenzmodells und eines Anforderungsprofils benötigen wir eine möglichst konkrete Aufgabenbeschreibung der Agenturberater. Bitte füllen Sie alle Felder so genau wie möglich aus. Befragen Sie, wenn nötig, dazu auch die Generalagenten.

Stellenbezeichnung: Kaufberater/in und Agenturbeauftragte/r

Ziele der Stelle: Akquisition von Neukunden, Cross-Selling, Bestandsservice

Beschreibung der Tätigkeiten, Fähigkeiten und allgemeinen Kompetenzen:

(was jemand tut)	(was jemand kann)	(wie jemand arbeitet und mit Menschen umgeht)
Tätigkeiten	**Fähigkeiten**	**Kompetenzen**
(mit Kunden sprechen)	(z. B. zuhören, sich ausdrücken)	(z. B. Kontaktfreude, Zielorientierung)

Für die weitaus komplexere Tätigkeit des Generalagenten nutzten wir den webbasierten Fragebogen zur Erstellung eines Anforderungsprofils (FAP), den die Vertriebsleiter der Generalagenten in Form von 20 Fragen zu den Aufgaben und Rollenerwartungen ausfüllten. Die Ergebnisse standen auch als statistische Auswertung zur Verfügung, aus der sich schnell eine sehr passgenaue, schriftlich fixierte Aufgabenbeschreibung erstellen ließ.

Ergebnisse

Aus den Ergebnissen wurde jeweils das Tätigkeitsprofil schriftlich festgehalten und mit den Vertriebsführungskräften im Detail abgestimmt. Diese für alle verbindlichen Tätigkeitsbeschreibungen erleichtern nun bei der Personalauswahl und in der Führung die tägliche Arbeit: Anzeigen gestalten, neue Verkäufer einarbeiten oder Bewerbungsgespräche führen. Sie sind die Grundlage für die Erstellung eines allgemeinen Kompetenzmodells und für die genaue Exploration der konkreten Anforderungen.

Siehe dazu auch Kapitel 3.3, S. 68; einen Downloadlink für die vollständige Musterauswertung des FAP mit allen notwendigen Informationen finden Sie im Anhang.

Auszug aus einer Aufgaben- und Rollenbeschreibung

Was macht ein erfolgreicher Generalagent?
Der Generalagent ist selbst Verkäufer und Verkaufsberater für die VKB-Produkte. Er kennt seine Produkte genau und verfügt über Kenntnisse und Erfahrungen im Versicherungswesen insgesamt. Mit den Kunden nimmt er aktiv Kontakt auf und gestaltet die Kundenbeziehung als einen kontinuierlichen und möglichst dauerhaften, verlässlichen Prozess. (…)
Er drückt sich sprachlich klar aus, achtet auf ein gepflegtes Erscheinungsbild und ist damit ein Vorbild für seine Verkäufer. Der Generalagent sorgt für das Erreichen der Agenturziele. Aus den definierten Umsatzzielen entwickelt er umsetzbare Strategien für seine Agentur. (…)

Analysen sind unverzichtbar: Die Vertriebskompetenzanalyse und der »CAPTain Unternehmer«

Die Vertriebsführungskräfte waren zwar in Personalauswahl geschult worden, jedoch war dies nicht ihre Hauptaufgabe. Daher wurden zu ihrer Unterstützung zwei moderne Analyseverfahren in den Rekrutierungsprozess eingeführt und pilotiert: die webbasierte Vertriebskompetenzanalyse (VKA) und der Personaltest »CAPTain Unternehmer« (der CNT Gesellschaften für Personal- und Unternehmensentwicklung, Hamburg).

Die Vertriebskompetenzanalyse beschränkt sich im Unterschied zu dem bis dahin genutzten Verfahren auf zehn vertriebsrelevante Verhaltenskompetenzen. Sie wurde für Vertriebsmitarbeiter mit Verkaufserfahrung entwickelt, besitzt eine recht hohe Aussagekraft und ist dennoch leicht handhabbar.

Der »CAPTain Unternehmer« ist ein wissenschaftlich fundiertes psychometrisches Verfahren. Er erfasst 34 Verhaltenskompetenzen aus dem beruflichen Umfeld, die für das unternehmerische Handeln erfolgskritisch sind (ausführlich über das CAPTain-Verfahren: Hübschmann/Nagler 2015, S. 138 ff.; Musterauswertungen finden sich unter www.captain-system.de/captain-quick-info/ sowie unter www.diepartner.info/talentmanagement).

Zusammen mit den Kompetenzen aus der Vertriebskompetenzanalyse und dem »CAPTain« dienten die zuvor erarbeiteten Tätigkeitsprofile und Befragungsergebnisse als Basis für die Erstellung eines spezifischen Kompetenzmodells für den Agenturvertrieb. Im Workshop hatte die Pilotgruppe die Aufgabe, ihr Know-how und ihre Wünsche einzubringen und korrigierend zu wirken.

Es stellte sich heraus, dass ein großer Teil der gefragten Kompetenzen für Agenturberater schon durch den webbasierten Fragebogen erfasst worden war. Als wichtig für die erfolgreiche Tätigkeit eines Agenturberaters wurden darüber hinaus die Selbstorganisation und eine rechnerische Grundintelligenz angesehen. Diese beiden Kategorien konnten als zusätzliche Bestandteile in eine kundenspezifisch angepasste Version der Vertriebskompetenzanalyse aufgenommen und programmiert werden. Sie werden nun ebenfalls über das Verfahren erfasst.

Das Kompetenzmodell

Mit diesem Arbeitsschritt war die Basis für die Erstellung eines Kompetenzmodells für den Agenturvertrieb geschaffen.

Wozu ist ein Kompetenzmodell wichtig?

(aus der Einleitung des Kompetenzmodells des Agenturvertriebs)

- Wer im Vertrieb erfolgreich sein will, braucht besondere Kompetenzen. Neben Fachwissen und Methodenkenntnissen sind bestimmte Verhaltenskompetenzen wichtig, um sich und sein Produkt oder seine Dienstleistung in unterschiedlichen Kundensituationen angemessen zu präsentieren und ein Geschäft abzuschließen. Das Kompetenzmodell beschreibt die grundlegenden Verhaltenskompetenzen für den Agenturvertrieb und in welchen konkreten Verhaltensweisen sie sichtbar werden.
- Je mehr von diesen Kompetenzen vorhanden sind, desto erfolgreicher kann ein Vertriebsmitarbeiter agieren.
- Nicht für jede Vertriebsposition sind diese Kompetenzen in gleich hoher Ausprägung gefragt. Je nach Geschäftsfeld, Produkten oder Vertriebsstrategien sind die Anforderungen an Vertriebsmitarbeiter unterschiedlich.
- Für Agenturinhaber kommen spezielle unternehmerische Kompetenzen und Führungseigenschaften dazu.
- Das Kompetenzmodell bietet die Grundlage für die Beurteilung der vertrieblichen Kompetenzen. Es behandelt die grundlegenden überfachlichen Kompetenzen, nicht die formalen Qualifikationen.
- Es ist ein unabdingbares Instrument für die Auswahl neuer Generalagenten und Agenturberater und für die Mitarbeiterführung und Entwicklung.
- Die überfachlichen Kompetenzen und Motive einer Person sichern deutlich über 50 Prozent ihres Vertriebserfolges!

Wie erfasst man Kompetenzen im Agenturvertrieb?

(aus der Einleitung des Kompetenzmodells des Agenturvertriebs)

- Kompetenzen kann man sich durch kontinuierliche und gezielte Beobachtung des Verhaltens einer Person erschließen. Das dauert lange und bleibt trotzdem subjektiv und ungenau. Zwei wissenschaftliche Testverfahren und ein vorstrukturiertes Interview mit einheitlichen Kriterien unterstützen Vertriebsleiter und Generalagenten daher im Agenturvertrieb der Versicherungskammer Bayern bei der Personalbeurteilung.
- 13 vertriebliche Kompetenzen werden mithilfe der Vertriebskompetenzanalyse (VKA) erfasst.
- Allgemeine Kompetenzen des Agenturberaters und seine Motivstruktur werden im Interview erfragt.
- Unternehmerische Kompetenzen werden für den Generalagenten zusätzlich im »CAPTain Unternehmensleitung« erfasst.

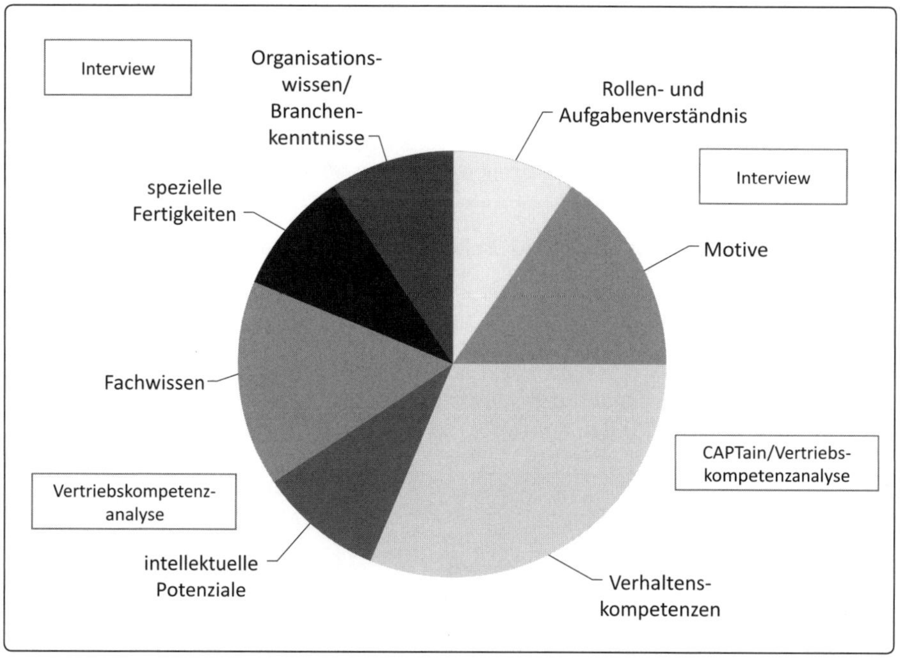

Abb. 37: Die sieben Leistungsbausteine für den Vertriebserfolg (Quelle: CNT Gesellschaften für Personal- und Unternehmensentwicklung, Hamburg)

Das Kompetenzmodell ist entsprechend gegliedert. Jeder Kompetenzbereich ist noch einmal in Einzelkompetenzen unterteilt, denen jeweils Verhaltensanker zugeordnet sind. Verhaltensanker sind beobachtbare Verhaltensweisen zu den Kompetenzen und helfen bei der Einschätzung. Das verdeutlicht der Auszug unten.

Insgesamt ist das Kompetenzmodell in drei Bereiche unterteilt:

- speziell vertriebliche Kompetenzen (erfasst durch die Vertriebskompetenzanalyse)
- allgemeine Kompetenzen (erfasst durch das Interview)
- unternehmerische Kompetenzen (erfasst durch den »CAPTain«)

Kompetenzbereich	Einzelkompetenzen	Operationalisierung
Kundenzufriedenheit	Kundenorientierung	Zufriedenheit des Kunden steht im Fokus, geht angemessen auf Kundenwünsche ein, verfolgt das Ziel, Kunden zufriedenzustellen und Ursachen von Unzufriedenheit zu beheben
	Empathie	ist sensibel für Belange des Kunden, erkennt Unzufriedenheit
	Vertrauen wecken	bleibt professionell im Umgang, schafft Transparenz, wirkt vertrauenswürdig
	Servicebereitschaft	handelt dienstleitungsorientiert, scheut keinen Aufwand für den Kunden

Abb. 38: Kompetenzmodell im Agenturvertrieb

Schritt 3: Rekrutierung optimieren und professionalisieren

In diesem Schritt ging es darum, für die drei ausgewählten Messinstrumente spezifische Anforderungsprofile als Auswahlkriterien im Rekrutierungsprozess und für die Potenzialerhebung zu erarbeiten. Am Ende dieses Schrittes stand die genaue und verbindliche Festlegung der einzelnen Prozessschritte im Auswahlprozess von der Bewerbung bis zur Einstellung.

Nachdem einmal erfasst und abgestimmt war, welche Kompetenzen im Agenturvertrieb insgesamt erforderlich sind, galt es ihre Ausprägung festzulegen, das heißt wie viel davon je Kompetenz erfolgskritisch ist.

Für die Erstellung der Anforderungsprofile wählten wir für die beiden Zielgruppen zwei ganz unterschiedliche Verfahren (siehe dazu Kapitel 3, S. 67–71). In beiden Verfahren wurden wieder die Betroffenen und Spezialisten aus der Pilotgruppe mit einbezogen.

Anforderungsprofil für Verkäufer in der Vertriebskompetenzanalyse

Gemeinsam im Workshop erarbeitet wurde der Grad der Ausprägung je Kompetenz, der für die erfolgreiche Tätigkeit angenommen wurde. Hierbei wurde allen klar, dass die höchste Ausprägung nicht immer zum Vorteil sein muss. Beispielsweise kann eine extrem ausgeprägte Kundenorientierung der Abschlussorientierung im Wege stehen. Das Diskutieren und Ringen um die gewünschten Kompetenzen und ihre inhaltliche Bedeutung sensibilisierte die Vertriebler dafür, wie komplex ein Beurteilungsprozess ist. Diese Auseinandersetzung war die wichtigste Lernphase für alle Beteiligten und führte zu neuen Erkenntnissen und Einsichten, die zu den Antreibern der Umsetzung wurden.

Die Vertriebskompetenzanalyse für die Versicherungskammer Bayern erfasst heute die zwölf wesentlichen vertriebsrelevanten Kompetenzen. Zusätzlich wird als 13. Element die allgemeine Kategorie des logischen Denkens durch einen kurzen Logiktest erfasst. Das Anforderungsprofil ist ein Balkendiagramm, in dem man für jede Dimension die Ausprägung erkennen kann, die jeweils in den zwölf Kompetenzen gewünscht ist:

- Kritikfähigkeit
- Kontaktfähigkeit
- Bedarfsermittlung
- Kundenzufriedenheit
- Konfliktfähigkeit
- Nutzenargumentation
- Abschlussorientierung
- Verkäuferischer Ehrgeiz
- Belastbarkeit
- Soziale Erwünschtheit
- Arbeitsplanung
- Systematik

Das Anforderungsprofil macht deutlich, worum es dem Agenturvertrieb der Versicherungskammer Bayern nach wie vor geht: Der Kunde mit seinen Belangen und Interessen steht im Mittelpunkt. Die Berater benötigen dafür eine ausgeprägte Fähigkeit, auf den Kunden einzugehen, seinen Bedarf zu ermitteln und ihn weitmöglich zufriedenzustellen. Wer darüber nicht in ausreichendem Maße verfügt, kann hier nicht erfolgreich im Sinne der neuen Strategie agieren.

Zudem können Verkäufer nur Erfolg haben, wenn sie eine hohe Abschlussorientierung und den entsprechenden verkäuferischen Ehrgeiz zeigen. »Erfolg kann nur in diesem Spannungsfeld entstehen. Eine vertrauensvolle und langfristige Kundenbindung stellt einen nachhaltigen Gegenpol zu den Erfahrungen in einer schnelllebigen, digitalisierten und anonymen Welt dar«, erläutert Katharina Roßmann.

Schließlich ist eine ausgeprägte Kritikfähigkeit erforderlich, um Rückmeldungen zum eigenen Verhalten, aber auch zu Prozessen und Vorgehensweisen anzunehmen, daraus zu lernen und Verbesserungen auf den Weg zu bringen. Permanentes Lernen und Optimieren sowie der Blick über den Tellerrand gehören nach Ansicht von Rossmann mehr denn je zu den Grundhaltungen, die den Agenturvertrieb erfolgreich machen.

Tools: Das Arbeitshandbuch VKA

Um die Führungskräfte bei der Anwendung der Vertriebskompetenzanalyse im Interview zu unterstützen, wurde ein ausführliches Arbeitshandbuch erstellt. Es hilft bei der Beurteilung der erfassten Werte und erläutert das Vorgehen:

> »Wer im Vertrieb erfolgreich sein will, braucht besondere Kompetenzen. Nicht jeder kann verkaufen. Es müssen bestimmte Verhaltensweisen gezeigt werden, um sich und sein Produkt oder seine Dienstleistung bei Kunden angemessen zu präsentieren und ein Geschäft abzuschließen. In dem Fragebogen zur Vertriebskompetenzanalyse (VKA) wird die Selbsteinschätzung zu Verhaltensweisen erfasst, die zu diesen Kompetenzen gehören. Auf einen Blick wird sichtbar, in welchen Bereichen die Stärken und Schwächen einer Person liegen. Die Analyse kann dabei helfen, an Schwachpunkten zu feilen und die Vertriebskompetenz zu erhöhen.
> Nicht für jede Vertriebsposition sind immer alle Kompetenzen gleich relevant. Daher wurden für den Agenturvertrieb der Versicherungskammer Bayern spezielle Anforderungen (...) an den Vertriebsmitarbeiter festgelegt.«

Das Arbeitshandbuch erklärt auf verständliche Weise, welche Verhaltensweisen hinter welchen Testwerten stecken. Es liefert der Führungskraft eine Interpretation der Ergebnisse und ist hilfreich bei der Vorbereitung auf das Bewerbergespräch.

Beispiel 1: Auszug aus dem Arbeitshandbuch

Wert im Balkendiagramm 1–10
Sie sehen auf dem Balkendiagramm, wie ausgeprägt die jeweilige Kompetenz auf einer Skala von 1 bis 10 ist. Der Wert entspricht den Punktwerten im Test.

Kritikfähigkeit, Anforderung 6–10
Der Faktor Kritikfähigkeit beschreibt, wie sich die Testperson im Umgang mit Kritik verhält und wie sie Ratschlägen, Einwänden oder andersartigen Meinungen begegnet.

8–10
Die Person reflektiert geäußerte Kritik und sucht nach Lösungen. Sie sieht Hinweise und Ratschläge als Möglichkeit, etwas dazuzulernen. Sie ruht sich nicht auf ihren Erfahrungen aus, sondern denkt darüber nach, was sie noch verbessern kann.

5–7
Die kritischen Hinweise des Kunden werden angenommen und finden Beachtung. Die Person setzt sich mit den Ratschlägen auseinander und versucht, sie konstruktiv umzusetzen.

3–4
Die Person nimmt kritische Hinweise des Kunden auf, reflektiert sie, aber nicht immer so weit, dass sie an dem Kritikpunkt etwas ändern könnte. Die Person achtet womöglich eher darauf, wer sie kritisiert, als darauf, was kritisiert wird. Es besteht die Neigung, sich pauschal zu rechtfertigen.

1–2
Es fällt der Person schwer, mit Kritik umzugehen. Sie geht auf kritische Meinungen der Kunden nicht wirklich ein. Sie hat das Bedürfnis, sich pauschal zu rechtfertigen, und achtet weniger darauf, was kritisiert wird. Es besteht die große Gefahr, dass Kritik von ihr persönlich genommen wird.

Beispiel 2: Ergebnisdarstellung in der VKA

Abschlussorientierung
Abschlussorientierung misst das Streben und die Beharrlichkeit einer Testperson hinsichtlich des Verkaufsabschlusses. Wie schnell und zielstrebig kommt sie bei Verhandlungen zum Ziel?
Die Person geht zügig auf das gesteckte Ziel und das gesteckte Verkaufsergebnis zu. Sie schafft es oft, auftretende Probleme aus dem Weg zu räumen und den Kunden zum Abschluss zu bewegen. Sie setzt sich in den Gesprächen durch.

Verkäuferischer Ehrgeiz
Der Faktor »Verkäuferischer Ehrgeiz« beschreibt, wie sehr eine Testperson nach Erfolg strebt und an der Spitze stehen will.
Den Biss, verkäuferisch erfolgreich zu sein, hat die Person zweifelsohne. Sie steckt sich hohe Ziele, strebt nach dem Optimum und vergleicht ihre Leistungen mit denen anderer. Sie strebt nach Anerkennung und Aufmerksamkeit.

Das CAPTain-Verfahren und Anforderungsprofil für Generalagenten

Generalagenten sind die tragende Säule des Agenturvertriebs. Sie agieren wie Unternehmer am Markt und bauen mehr oder weniger selbstständig einen Kundenstamm in ihrer Region auf. Von ihrer unternehmerischen und verkäuferischen Kompetenz hängt der Erfolg einer Agentur ab. Umso wichtiger erscheint es, diese Kompetenzen genauer unter die Lupe zu nehmen. Das leistet der Personaltest »CAPTain Unternehmer«, der 34 Verhaltenskompetenzen zu den Themen »Umgang mit Aufgaben«, »unternehmerisches Denken und Handeln«, »Umgang mit Menschen«, »Führung« und »Selbstmanagement« erfasst.

Für die Entwicklung eines Anforderungsprofils für Generalagenten bot sich eine »Benchmark der Besten« an. Zwölf erfolgreiche Generalagenten aus unterschiedlichen Regionen absolvierten den »CAPTain Unternehmer«, der speziell für die Beurteilung der unternehmerischen Kompetenz entwickelt wurde. Aus den Testergebnissen wurden mithilfe einer statistischen Analyse die Erfolgsfaktoren extrahiert, die für alle gleichermaßen galten.

Abbildung 39 zeigt, dass beispielsweise eine ausgeprägte planerisch-strategische Vorgehensweise (Wert 5–8) für die erfolgreichen Generalagenten kennzeichnend ist. Aufgrund dieses Erfolgsfaktors musste im CAPTain-Anforderungsprofil die Ausprägung für »Arbeitsplanung« auf 5–8 festgelegt werden.

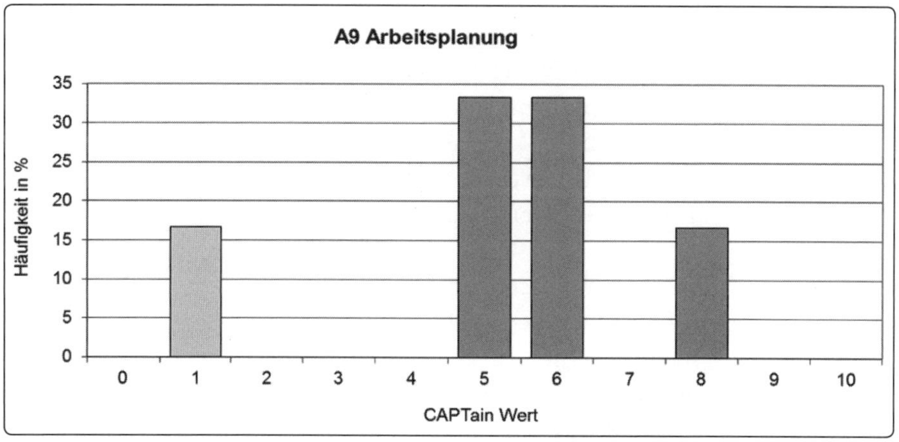

Abb. 39: Benchmark der Besten (Beispiel Arbeitsplanung)

Positiv	Negativ	Toleriert	Ausschluss

Überblick		0	1	2	3	4	5	6	7	8	9	10	
Selbstorganisation	flexibel, anlassbezogen					4							sehr systematisch
Detailorientierung	an Details nicht interessiert			2									Details im Mittelpunkt
Arbeitsplanung	pragmatisch				3								theoretisch, planerisch

Abb. 40: Anforderungsprofil für Generalagenten (Auszug)

Tools: Interpretationshandbuch

Auch wenn die Ergebnisse aus dem »CAPTain Unternehmer« selbsterklärend sind, haben die Führungskräfte für den Auswahlprozess ein Interpretationshandbuch, in dem sie für jede Kompetenz nachlesen können, was die jeweiligen Werte bedeuten. Allgemeine Normgruppen als »Messlatte« gibt es nicht. In diesem Fall bildete die Gruppe der erfolgreichsten Generalagenten im Agenturvertrieb die Normgruppe für die Beurteilung.

Das teilstrukturierte Interview für Verkäufer und Generalagenten

Es blieb natürlich eine Anzahl von Themen übrig, die nicht im Test erfasst werden, wohl aber im persönlichen Gespräch herausgearbeitet werden können. Darin waren die Vertriebsleiter nach eigenen Aussagen geübt und verfügten über eine langjährige Erfahrung. Verständlich war daher auch der anfängliche Widerstand gegenüber standardisierten Vorgaben zu einem Bewerbergespräch. Wozu sollte eine vorgegebene Struktur gut sein?

Die Antwort liegt aus arbeitspsychologischer Sicht auf der Hand: Um möglichst objektiv vorzugehen und überall eine gleich hohe Gesprächs- und Beurteilungsqualität zu erzielen, empfiehlt sich die Methode des teilstrukturierten Interviews. Die Grundstruktur bildet ein vorbereiteter Gesprächsleitfaden mit Beurteilungsskalen. Die Mitarbeit der Pilotgruppe an einer gemeinsamen Struktur und verbindlichen Inhalten half nicht nur Widerstände abzubauen, sondern machte das ganze Instrument von Anfang an praxistauglich. Gespannt ging man schließlich mit den drei neuen Instrumenten – den beiden Testverfahren und dem teilstrukturierten Interview – in die erste Pilotphase.

Der strukturierte Teil des Interviews fokussiert auf festgelegte Kompetenzen und Motive, die im Bewerbergespräch erfragt werden sollen. Der Interviewer sollte sich vorab klarmachen, welche Ausprägung für die Tätigkeit wünschenswert ist. Denn nicht immer ist die höchste Ausprägung eines Motivs oder einer Kompetenz passend. Zur Präzisierung von Kompetenzen kann er eine oder auch mehrere Nachfragen stellen.

Die Bewertungsskala im teilstrukturierten Interview bezieht sich auf die Kompetenzen oder Motive des Kandidaten. Sie unterscheidet zwischen

- kaum/nicht ausgeprägt (0)
- etwas ausgeprägt (1)
- ausgeprägt/deutlich (2)
- sehr ausgeprägt (3)

Natürlich ist diese Vorgehensweise für die Kompetenzerfassung immer noch in Teilen subjektiv. Daher sollen im Bemerkungsfeld Eindrücke, Beobachtungen, Fragen oder Vermutungen eingetragen werden, die die Entscheidung transparent und auch später noch nachvollziehbar machen. Außerdem gibt die Struktur eine deutliche Trennung der verschiedenen Fragebereiche vor (»Kompetenzen und Motive«, »Aufgabenverständnis«, »Branchenkenntnisse«) und zwingt den Fragenden jeweils zu einer klaren Einschätzung. Das bewirkt in der Regel ein intensiveres Zuhören.

Das teilstrukturierte Interview (Ausschnitt)

Gesprächsstruktur

Teil I (Fragen 1–9):
- Gesprächseinstieg (Small Talk, zwei offene Fragen zum Lebenslauf und eigenen Erfolgsfaktoren)
- strukturiertes Interview, sieben Fragen zu speziellen Kompetenzen und Motiven

Teil II (Fragen 10–14):
- Fragen zu fachlicher Expertise, Branchenkenntnisse
- Rollen- und Aufgabenverständnis der zu besetzenden Position, Vertriebserfolge und berufliche Ziele

Teil III:
- Gehaltsvorstellungen
- Darstellung des Unternehmens und der zu besetzenden Position
- Abschluss (Wie geht es weiter?)

Insgesamt sollten Kandidaten im Interview einen Sprechanteil von 80 Prozent haben!

Beispielfrage

Thema/Arbeitsbereich: selbstständiges Arbeiten

Kompetenz/Motiv: Selbstständigkeit, Eigeninitiative

Bewertung: 0–3

Frage: Haben Sie bei Ihrer jetzigen Tätigkeit gerne klare Vorgaben, was Sie tun und wie Sie vorgehen sollen, oder ist es Ihnen lieber, wenn Sie eine Zielevorgabe mit ungefährer Richtung bekommen und das »Wie« selbst gestalten?

Der Ergebnisbogen

Auf jede Beurteilungsphase, die mit der Einschätzung der Bewerbungsunterlagen beginnt, folgt ein Eintrag in den differenzierten Ergebnisbogen. »Wir haben den Ergebnisbogen so programmiert, dass die Einstellungsempfehlung und damit die Entscheidung eindeutig ist. Wurden alle Teilergebnisse eingetragen, ist sofort ersichtlich, ob ein Kandidat oder eine Kandidatin geeignet ist. Oder es ist ersichtlich, ob womöglich noch eine Rücksprache mit dem Leiter Agenturentwicklung notwendig ist«, erklärt Nina Drochner, Direktionsbeauftragte Vertriebsmanagement bei der Versicherungskammer Bayern.

In der Praxisanwendung wurde das so gesehen: »Letztlich läuft alles auf den standardisierten Ergebnisbogen hinaus. Er ist das zentrale Element der strukturierten Vorgehensweise. An ihm machen sich die Auswahlkriterien fest, an denen kommt man nicht vorbei. Dadurch wird man gezwungen, alles noch einmal abzuwägen und den Bauch kurz auszublenden. Er hilft aber auch bei der Argumentation, beispielweise, wenn ich mit dem Generalagenten über einen potenziellen Kandidaten spreche. Zusammen mit dem Testverfahren entsteht dadurch ein hohes Maß an Objektivität und Vergleichbarkeit«, sagt Christian Hochländer, der im Pilotprojekt für die Gebietsdirektion Pfalz mitgewirkt hat.

Aktennote Personalrekutierung - Vertriebspartner

Name VL: Martina Muster		Datum: 01.08.2016

Fragen zur Bewerbung

Wie kam die Bewerbung zustande? Anzeige VKB (Print/Online/...)	Generelle Eignung Top	Bewerbung als? Generalagent
Wo fanden die Gespräche statt? in der RD	Regional flexibel? Ja	Anzahl der Gespräche? 2

Fragen zur Person des Bewerbers

Name: **Markus**	Vorname: **Mustermann**
Straße: Musterweg 3	PLZ: 98765
Ort: Musterhausen	E-Mail: Markus.Mustermann@gmail.com
Telefon-Festnetz:	Telefon-Mobil: 01234 56 78 90
Schulabschluss: Abitur	Berufsausbildung: Ausbildung
AD-Qualifikation: Versicherungsfachmann/-frau (IHK)	letzte Tätigkeit: Agenturinhaber Muster-Versicherung
bisheriges Einkommen	Bisherige Anstellungsart §84 HGB

Ergebnis der Rekrutierungsauswertung (Sicherstellung der Qualität der Bewerber)[1]

	Punkte[2]	Ergebnis[3]
Auswertung Bewerbungsunterlagen:	8	Einstellung empfohlen
Auswertung Erstgespräch	13	Einstellung empfohlen
Auswertung CAPTain Unternehmer:	16	Eignung fraglich, Konsensgespräch erforderlich
	Konsensgespräch erfolgt am:	18.07.2016
	Ergebnis des Konsensgesprächs:	Einstellungsprozess wird fortgesetzt

Informationen aus Konsensgespräch mit LAE/RD
Handlungsfelder aus CAPTain werden im Zuge der Einarbeitung besprochen und Maßnahmen aufgesetzt.

Auswertung teilstrukturiertes Bewerbungsgespräch	15	Einstellung empfohlen
Ergebnis gesamt:	52	Einstellung empfohlen
Einstellungsentscheidung[4]:	Bewerber geeignet, Angebot wird erstellt	

Abb. 41: Der standardisierte Beurteilungsbogen

Schritt 4: Der Auswahlprozess in der Praxis

Die Teilnehmer der Pilotgruppe hatten nach einer relativ kompakten Einführung in das Testverfahren und das teilstrukturierte Interview schnell die Möglichkeit, ihre Kandidatinnen und Kandidaten durch das neue Verfahren laufen zu lassen. Hierbei stand ihnen in der Vertriebsdirektion bei allen Fragen, die im Prozess auftauchten, eine Ansprechpartnerin zur Seite.

Zur Umsetzungsphase gehört ebenfalls eine zweitägige Schulung für die Anwender: insgesamt 20 Führungskräfte der Versicherungskammer Bayern, die sowohl für die Auswahl neuer Generalagenten als auch für die Auswahl neuer Vertriebsmitarbeiter zuständig sind. Die Schulungsinhalte wurden nach dem ersten Durchlauf mithilfe des Teilnehmerfeedbacks an die Bedarfe angepasst und konkretisiert.

Schritt 5: Zwischenevaluation und Optimierung

Nach etwa vier Monaten wurden die Vorgehensweise und die Verfahren in einem Evaluationsworkshop auf den Prüfstand gestellt und an einigen Stellen angepasst. So wurde zum Beispiel die Vertriebskompetenzanalyse auf Anregung der Vertriebsleiter um zwei weitere Kompetenzen und den Bereich des logischen Denkvermögens erweitert. Es entstand ein Instrument, das passgenau auf die Bedarfe des Agenturvertriebs ausgerichtet ist. Insgesamt konnte schon bei der Zwischenevaluation festgestellt werden, dass der neue Prozess für die Auswahl der neuen Mitarbeiter insgesamt als hilfreich empfunden wurde.

»Früher haben wir mehr aus dem Bauch heraus aufgrund unserer Erfahrung entschieden. Jetzt können wir genau sagen, warum jemand zu uns passt und was wir von der Person erwarten können«, sagt Stephan Kempf, der für die Gebietsdirektion München-Nord am Pilotprojekt mitgearbeitet hat. »Es hat natürlich einige Zeit gebraucht, sich auf die neuen Instrumente und die Struktur einzustellen. Aber jetzt erleichtern sie die Arbeit enorm und geben uns Entscheidungssicherheit. Und bisher haben sich alle Kandidaten bewährt.«

Schritt 6: Einarbeitungsplan und Lernstrategien

Für die Einarbeitung und die Entwicklung der neuen Verkäufer wurden entsprechende Maßnahmen und Pläne erarbeitet. Der Vorgesetzte prüft zunächst die im Plan hinterlegten Aufgaben und Zielvereinbarungen und passt diese an. Auf dem gesonderten Arbeitsblatt »Vertriebliche Kompetenzen« trägt er die Ergebnisse aus dem Auswahlprozess und die entsprechend identifizierten Lernfelder ein, ebenso die Verantwortlichen und die Zeitpunkte der Umsetzung.

Der Einarbeitungsplan soll mehr als zuvor gewährleisten, dass ein neuer Verkäufer kontinuierlich und zielgerichtet eingearbeitet wird. Ein Teil des elaborierten Plans in Form einer Excel-Tabelle besteht aus Standardprogrammen zu Branchen und Organisationswissen oder Produktkenntnissen. Ein Teil des Plans bezieht sich auf die zuvor im Auswahlprozess identifizierten Entwicklungsfelder in den überfachlichen Kompetenzen. Hier ist eine coachende Unterstützung durch die Führungskraft nötig. Sie kann und muss mit Anregungen, Vorgaben und Feedback den Lernprozess anstoßen und begleiten. Um in die neue Rolle des Talentmanagers hineinzuwachsen, gibt es unterstützende Hinweise zu Lernstrategien und passende Maßnahmen in der Vertriebsakademie.

»Der Einarbeitungsplan zwingt uns, auch auf die überfachlichen Kompetenzen eines Verkäufers zu achten. Kompetenzen wie Bedarfsermittlung oder Konfliktfähigkeit gezielt zu entwickeln, ist für den Umgang mit Kunden fast wichtiger als Fachwissen oder eine Methode«, erläutert Stefan Kempf. Für Adalbert Swigon aus der Regionaldirektion Nordbayern ist der Einarbeitungsplan zwar eine strenge Vorgabe, aber insgesamt hilfreich: »Der standardisierte Prozess ist für unsere Bewerberauswahl insgesamt sehr nützlich. Er unterstützt uns vor allem bei Bewerbern, die zunächst nicht ganz dem Anforderungsprofil entsprechen, herauszufinden, wo genau ihre Entwicklungsfelder liegen. Damit können wir sie in der Einarbeitungsphase gezielt unterstützen und schulen, um aus ihnen noch erfolgreichere Verkäufer im Agenturvertrieb zu machen. Das wollen junge Bewerber heute und das hält sie im Unternehmen.«

Schritt 7: Talentmanagement als Bestandteil der Agenturentwicklung

Abbildung 42 zeigt, dass es einen verbindlichen Prozess gibt, der vollständig implementiert ist. Es muss sich nun vor allem bei der strukturierten und kompetenzbezogenen Einarbeitung bewähren.

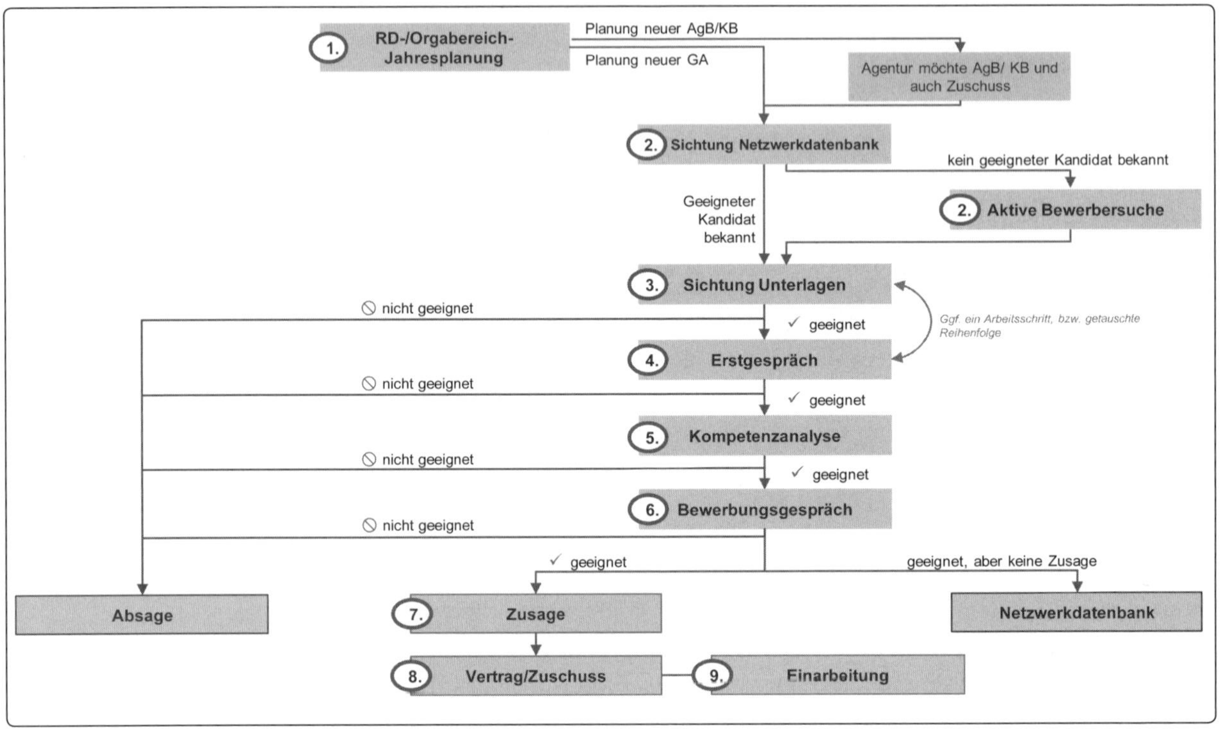

Abb. 42: Der Kernprozess der Rekrutierung und Einarbeitung

Mit der Einführung des neuen und verbindlichen Gesamtprozesses nach der Pilotphase erhielten die Führungskräfte im Frühjahr 2016 eine Art »Ritterschlag zum Talentmanager«. Die meisten Erfahrungen beziehen sich noch auf den Auswahlprozess, neue Generalagenten wurden bisher kaum eingestellt. »Speziell bei der Entscheidung für neue Generalagenten, die ja unternehmerisch für uns tätig sein sollen, ist der »CAPTain Unternehmer« eine nützliche Hilfe, den Bewerber ganz genau auf die wesentlichen Erfolgskriterien hin zu prüfen. Die Testergebnisse sind dennoch sehr wertschätzend formuliert. Sie bieten eine gute Basis, uns mit dem Bewerber auf Augenhöhe über unsere Anforderungen und seine Erwartungen auszutauschen«, erzählt Wolfgang Steck, Vertriebsführungskraft aus der Pilotgruppe.

Das Fazit von Katharina Roßmann zum Jahresende 2016 fällt positiv aus: »Ich bin zufrieden darüber, welchen Kulturwandel wir offenbar angestoßen haben: objektive und genaue Erfolgskriterien für unsere Strategie der hohen Kundenorientierung zu haben und unsere Führungskräfte noch mehr als vorher in der Verantwortung für die Entwicklung und Bindung der so ausgewählten Verkäufer zu sehen. Wir müssen aber alle dranbleiben, die Umsetzung zu verfolgen und immer wieder zu optimieren. Belastbare Ergebnisse in Zahlen werden wir wohl frühestens in einem Jahr sehen, aber ich bin sicher, die werden uns bestätigen.«

4.2 Woran Talentmanagement scheitern kann: Versäumnise eines internationalen Elektronikherstellers

Die erste Beschreibung dieses Projekts bei einem Elektronikriesen klang zunächst wie ein einfacher Vertriebscheck für etwa 60 Personen. Bei der Auftragsklärung wurde deutlich, dass für die strategischen Ziele, die hinter dem Projekt standen, ein Talentmanagement-Prozess gefragt war. Dabei erwiesen sich die sieben Schritte als sinnvolle Struktur.

Erster Schritt

Bei der Aufforderung, die aktuellen und künftigen Aufgaben des Bereichs zu beschreiben, stellte sich die Lage wie folgt dar: Das Unternehmen, das anonym bleiben möchte, stand 2014 vor einer Herausforderung: Die Nivellierung des technologischen Fortschritts auf dem globalisierten Markt hatte zur Folge, dass die eigenen Produkte viel qualitativ hochstehende Konkurrenz bekommen hatte. Mithilfe neuer, anspruchsvoller Vertriebsstrategien wollte man sich von der Konkurrenz abheben, um die überragende Marktstellung zu halten. Die Verkäufer sollten ab sofort ihre Großkunden in Elektronikmärkten und Elektrogeschäften intensiv bei ihrer Verkaufsstrategie beraten und begleiten. Den Vertriebsführungskräften, sprich den Regionalleitern, kam dabei ein erweitertes Rollenverständnis zu: ihre Mitarbeiter kompetenzorientiert einzusetzen und so zu führen, dass sie und nicht mehr vornehmlich das Produkt den Wettbewerbsvorteil ausmachen (vgl. hierzu Breiski 2014, S. 14). Diese neue Strategie sollte zunächst in einem Produktbereich als Pilot eingeführt werden.

Von der neuen Vertriebsstrategie wurde nun die Personalstrategie abgeleitet. Eins war klar: Es reichte nicht, diesen neuen Ansatz nur zu verkünden und einzufordern, verlangte er doch auch von den bisher erfolgreichen Vertriebsrepräsentanten neue Verhaltensweisen und Kompetenzen. Der Vertriebsdirektor zielte daher auf zwei Dinge:

- Die Vertriebsmannschaft sollte auf die künftig erforderlichen Kompetenzen überprüft werden. Dabei sollten zwei moderne webbasierte Testverfahren unterstützen.
- Es sollten, wenn möglich, alle Personen in ihren Funktionen verbleiben. Diejenigen, die noch nicht oder nur unzulänglich über die gefragten Kompetenzen verfügten, sollten mit gezielten, individuell ausgerichteten Maßnahmen gefördert werden.

Zweiter Schritt

Ein Kompetenzmodell »Vertrieb 2020« wurde komplett neu erarbeitet. Grundlage hierfür war die vorgegebene neue Strategie für den Vertrieb und das Wissen von Regionaldirektion, Bereichsdirektoren und Personalabteilung über die Kompetenzen bisher erfolgreicher Verkäufer im Unternehmen.

Das Kompetenzmodell enthielt drei Schwerpunkte. Beim Schwerpunkt »Kommunikation und Beziehungsgestaltung« ging es um beratende Kompetenzen wie Empathie und Kommunikation. Der Schwerpunkt »Strategiekompetenz« zielte auf die Disposition, planerisch und systematisch vorzugehen. Der Schwerpunkt »Entwicklungsorientierung« betont die Notwendigkeit, sich schnell und flexibel auf Neues einzustellen und lernen zu wollen. Auf Basis dieses Kompetenzmodells wurde für den verwendeten »CAPTain compact customized« und den Fragebogen zur beruflichen Motivation (FBBM) (Musterauswertungen zu den beiden Testverfahren finden Sie auf der Downloadseite zu dem Buch unter www.beltz.de) jeweils ein Anforderungsprofil erarbeitet.

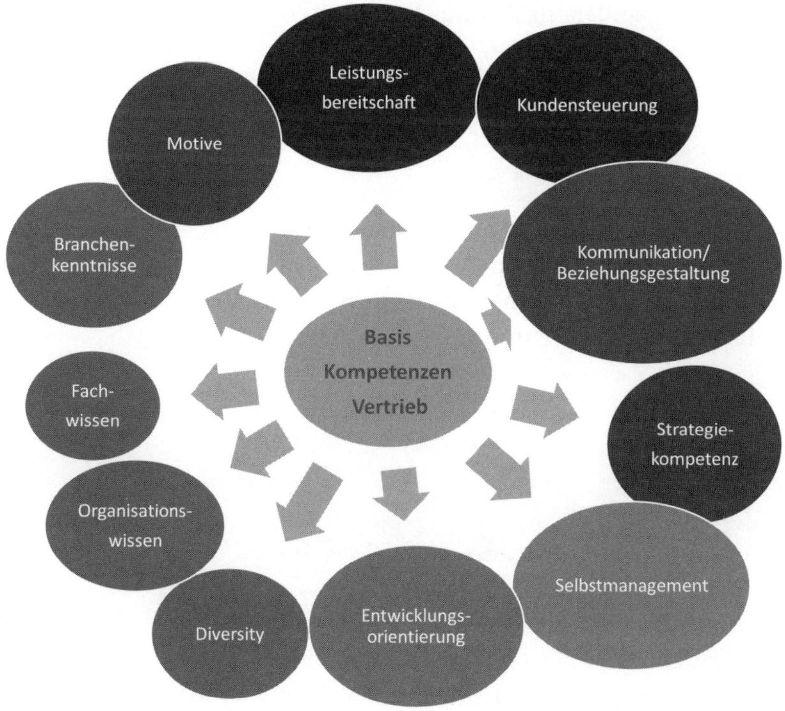

Abb. 43: Basis-Kompetenzmodell »Vertrieb 2020«

Hierfür erwies sich der Fragebogen zum Anforderungsprofil (AFP) als nützliches und effektives Instrument, mit dem man rund 15 Personen aus dem Produktbereich und dem Personalbereich zu den Anforderungen befragen und die Ergebnisse statistisch auswerten konnte. In einem gemeinsamen Workshop wurde das Anforderungsprofil feingeschliffen und gemeinsam formuliert.

Dritter Schritt

Die Analyse der aktuellen Kompetenzen der Vertriebsrepräsentanten erfolgte zunächst dezentral. Alle Kandidaten, die vorab ausführlich über den Sinn dieser Maßnahme informiert worden waren, absolvierten den »CAPTain« und den Fragebogen zur beruflichen Motivation. Unsere Berater führten anschließend mit allen ausführliche Auswertungsgespräche, in denen sie vor allem nach der Lernfähigkeit und der Veränderungsbereitschaft fragten und den Gesamtprozess erläuterten.

Vierter Schritt

Daraus entstanden differenzierte Potenzialprofile (siehe hierzu Kapitel 3.4, S. 85), die die jeweiligen Vorgesetzten mit dem Vertriebsdirektor und den Beratern bewerteten und um Entwicklungshinweise ergänzten. Die Personalabteilung sammelte die genannten Entwicklungsziele und plante die ersten passgenauen Maßnahmen.

Fünfter Schritt

Die statistischen Auswertungen aus dem Gesamtprozess enthielten interessante Informationen über den Bereich und seine Mitarbeiter, die der Geschäftsführer und der Vertriebsdirektor in einer Talentmanagement-Konferenz vorstellten. Hier konnte man erfahren, in welchen Kompetenzschwerpunkten sich die verschiedenen Regionen unterscheiden und welche Gruppen in welchen Kompetenzfeldern im Anforderungsprofil liegen. Das Management konnte sehen, welche Motive für die bisher erfolgreiche Vertriebsgruppe handlungsleitend sind. Bei der Einstellung künftiger Vertriebler wäre das ein wichtiges Auswahlkriterium gewesen.

Abbildung 44 zeigt, dass die Identifikation mit dem Unternehmen und die Freude am Verkaufen die beiden häufigsten Motive in der Gruppe waren. Dass die Dienstleistungsorientierung an dritter Stelle auftaucht, war beruhigend, denn sie war erfolgskritisch für die neue Strategie. Das vierte wichtige Motiv »Besondere Herausforderung« sicherte bei der Mehrzahl der Kandidaten in der Gruppe den nötigen Biss und die Hartnäckigkeit. Insgesamt zeigte die Motivstruktur der Gruppe eine durchaus positive und strategisch passende Tendenz, in die man nicht mit Maßnahmen eingreifen musste.

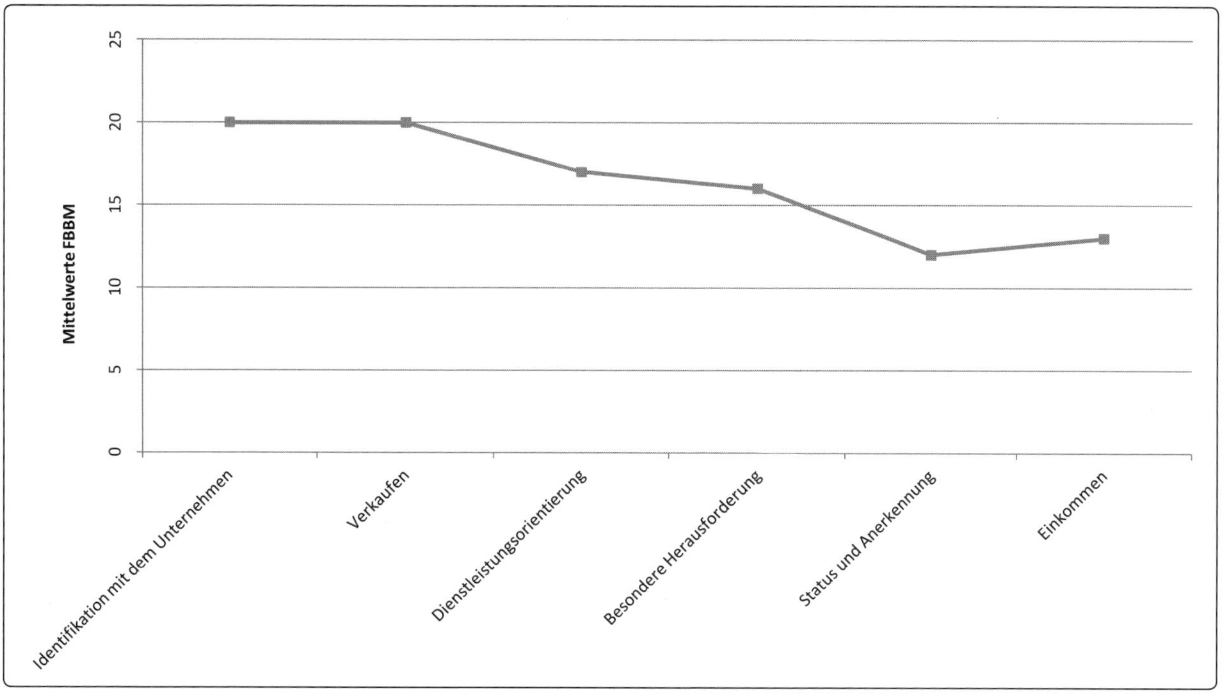

Abb. 44: Motivstruktur der Vertriebsmannschaft

Aus dem Abgleich der Testergebnisse mit dem Anforderungsprofil ging deutlich hervor, dass es neben individuellen Abweichungen um vier große Kompetenzbereiche ging, die es für die neuen Herausforderungen zu entwickeln galt. Im Bereich »Kundensteuerung« fehlte es der Mehrheit der Verkäufer an Führungsstärke und Entscheidungsfreude, im Bereich »Strategiekompetenz« wurde deutlich mehr planerisches Vorgehen gefordert als bisher.

Die Kurvendiagramme in Abbildung 45 zeigen, welche Regionalgruppen sich durch welche Kompetenzen auszeichnen (im Anforderungskorridor) und wo es Entwicklungsbedarf gibt (Kästchen außerhalb des Anforderungskorridors). Für die Region Süd/Ost sind es z. B. die Kompetenzen Führungsstärke, Kundensteuerung und Einflussnahme sowie Arbeitsplanung und selbstständiges Denken und Handeln.

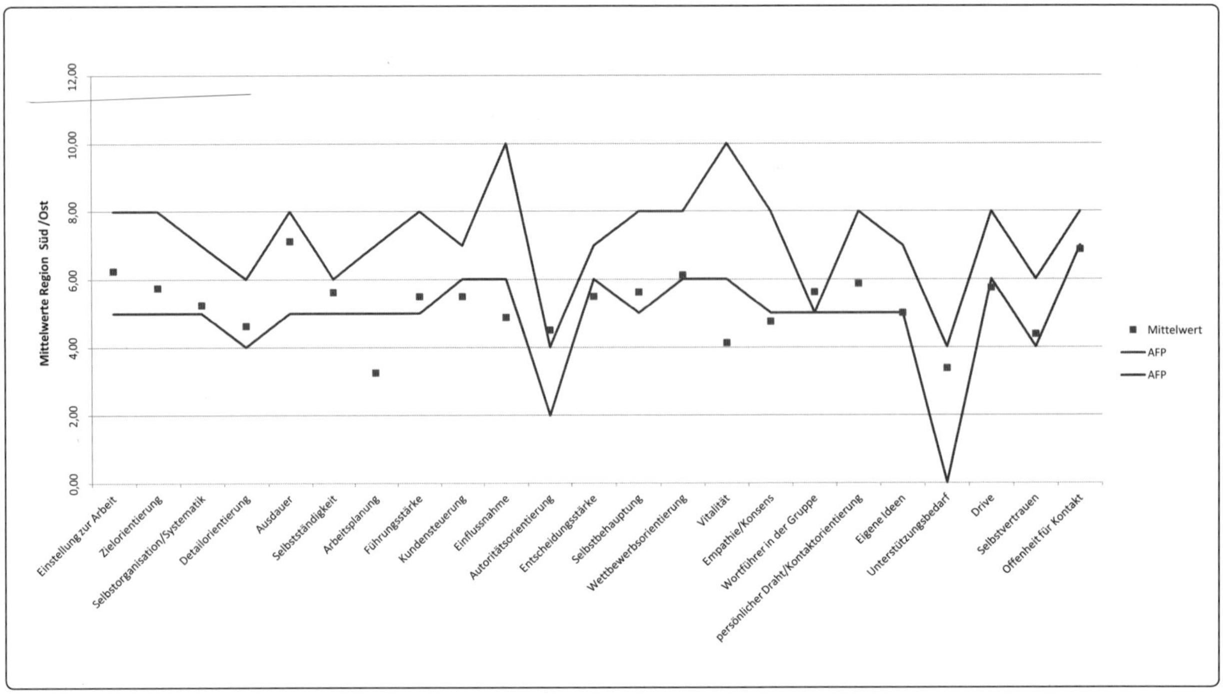

Abb. 45: Auswertung von 23 Kompetenzen im Anforderungsprofil einer Regionalgruppe

Auch die Vorgesetzten der Gruppe wollten sich nicht gegen eine Standortbestimmung sperren. Für sie wurde deutlich, dass es lediglich der strategische Teil der Kompetenzen war, den es noch zu entwickeln galt.

Die Auswertung für die Gesamtgruppe ergab, dass es vier Gruppen mit unterschiedlichen Kompetenzschwerpunkten gibt (vgl. Abb. 46). Die Kandidaten des Quadranten oben rechts zeichnen sich durch eine hohe Kommunikationskompetenz und eine gute Kundensteuerung aus, diejenigen im Quadranten unten rechts sind stark in Planung und Systematik. Auf diese Quadranten verteilen sich die meisten Personen der Gesamtgruppe. 13 Kandidaten befinden sich im Quadranten unten links, sie verfügen in beiden Bereichen über wenige Kompetenzen. Eine kleine Gruppe von lediglich vier Personen, die sich oben rechts befindet, ist überall relativ stark.

Diese Sortierung war vor allem in Hinblick auf die geplanten Entwicklungsmaßnahmen wichtig, wollte man doch nicht diejenigen, die über eine angemessene Kommunikationskompetenz verfügen, mit denen, die hier noch Defizite haben, in dieselbe Maßnahme stecken. Und wer schon überall über ausgeprägte Kompetenzen verfügte, benötigte bestenfalls ein Coaching oder eine Auffrischung. Diese Aufteilung nach Schwerpunkten und Defiziten sollte die Grundlage für spezifische Trainingsmaßnahmen sein.

Aufteilung nach Kompetenzschwerpunkten

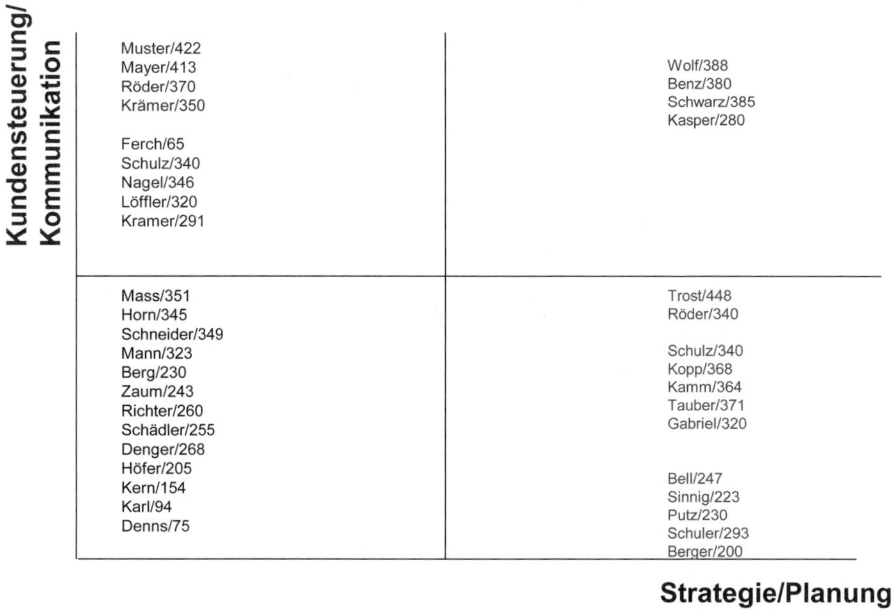

Abb. 46: Gruppen nach Kompetenzschwerpunkten als Grundlage für die Planung der Personalentwicklung (Namen anonymisiert)

Sechster Schritt

Aus der Talentkonferenz und dem statistischen Material erarbeiteten wir Vorschläge für Entwicklungsmaßnahmen. Hierbei sollte den Vorgesetzten eine wichtige Rolle zukommen. Die Themen »Planerisches Vorgehen« und »Strategisches Denken« sollten weitgehend in Form von Praxisworkshops vermittelt werden. Unser Vorschlag dazu:

Vom Strategiepotenzial zur Strategieprofession

Format: Prozessbegleitung, Learning on the Job
Dauer: ein Jahr (Zyklus)

Werkstatt 1 mit den Führungskräften:

- Entwicklung der Kompetenzen durch kaskadierte Strategie-Werkstätten
- Erarbeitung des Rollenverständnisses »Führung« im Rahmen einer Begleitung bei der Strategieumsetzung für die Sales Representatives
- Arbeit an der überregionalen Strategie und Ableitung der Regionalstrategien
- Roadmap mit Priorisierung der Themen und Ableitung der Maßnahmen
- Zusammenarbeit im Führungsnetzwerk

Werkstatt 2 mit den regionalen Führungskräften und den Representatives (separat nach Region):

- Arbeit an den individuellen Umsetzungsstrategien der Representatives
- Beratungskompetenz für Representatives
- Erarbeitung der Anforderungen für die Zusammenarbeit im Team und in der Führung
- Fakultativ: Einführung in strategisches Denken und Handeln (als Vorbereitung)

Daneben sollte es für zwei spezielle Gruppen zwei Seminare zu den Themen »Kommunikation/Kundensteuerung« sowie »Strategische Planung« geben.

Nach der Talentkonferenz verlief jedoch der weitere Talentmanagement-Prozess im Unternehmen aufgrund »tagesaktueller Erfordernisse« im Sande. Eine differenzierte Personalentwicklung fand nicht statt und der Strategieprozess wurde nicht konsequent umgesetzt. Wahrscheinlich auch deswegen, weil die neue Bereichsstrategie nicht wirklich ausformuliert und zu Ende gedacht war. Die Rekrutierung und die Entwicklung von innen wurden hingegen weiter verfolgt. Hilfreich dafür waren die differenzierten Hinweise zur Entwicklungsorientierung der Kandidaten. Schritt 6 kam aber nicht über die Planung hinaus.

Schließlich wurden einige Standardseminare mit großem zeitlichem Abstand zur Standortanalyse durchgeführt. Die erfahrenen Vertriebsrepräsentanten empfanden sie jedoch als »eher überflüssig« und zeitraubend, andere als eine »Auffrischung von Bekanntem«. Eine nachhaltigere Wirkung hätten Workshops und Seminare aus den Analyseergebnissen erzielt, die man anhand einer konkreten Zielstellung auch hätte evaluieren können. Folgerichtig fehlte dann auch Schritt 7.

Ein längerfristiger Effekt war immerhin der hohe Grad an Sensibilisierung für die anstehenden Themen und Lernfelder sowohl bei den Führungskräften bezüglich ihrer Aufgabe als Talentmanager als auch bei den Vertrieblern selbst. Einige von ihnen haben sich schließlich selbstständig auf den Weg gemacht. Das Kompetenzmodell und die Anforderungsprofile werden weiter genutzt und auf andere Bereiche übertragen.

Fazit: Soweit wir erkennen können, verlief dieser Prozess im Sand, da zumindest zwei Erfolgskriterien nicht berücksichtigt wurden. Das Talentmanagement war nicht genügend als Teil der Geschäftsstrategie verankert und hatte offenbar zu wenig Rückhalt in der obersten Geschäftsleitung. Daher hatte insbesondere die Personalentwicklung zu wenig Erfolgsdruck und Ergebnisorientierung, aber eben auch zu wenig Rückhalt für die konsequente Umsetzung der letzten beiden Schritte.

4.3 Strategisches Talentmanagement bei der »Deutsche Wohnen AG«

Die »Deutsche Wohnen AG« ist eine der führenden börsennotierten Wohnungsgesellschaften Deutschlands. Die Geschäftsstrategie zielt auf attraktive Wohnimmobilien in den Kernregionen der Gesellschaft, insbesondere im Großraum Berlin und im Rhein-Main-Gebiet, sowie auf kontinuierliche Wertsteigerung. Die Entwicklung und nachhaltige Bewirtschaftung der Kernbestände sowie strategisch interessante Zukäufe und Veräußerungen waren und sind die Stellschrauben. 2012 erwarb die »Deutsche Wohnen AG« die BauBeCon-Gruppe, 2013 wurde die GSW Immobilien AG übernommen. In dieser Zeit stand die Gesellschaft vor der Herausforderung, die Zukäufe in das Unternehmen einzugliedern und sich auf weitere Übernahmen vorzubereiten. Dazu schien es zunächst notwendig, die Führungsmannschaft deutlich zu erweitern und für neue Herausforderungen zu professionalisieren – ein typischer Anlass für die Einführung eines strategischen Talentmanagements. Wir entwickelten ein entsprechendes Konzept für die »Deutsche Wohnen AG« als konkrete Antwort auf die Frage: Wie kann die »Deutsche Wohnen AG« mittel- und langfristig das erforderliche qualifizierte Personal für die Anforderungen der Zukunft identifizieren, fördern und binden?

»Die anspruchsvollen Wachstumsziele des Konzerns erfordern heute einen beständigen Zuwachs an guten Mitarbeitern und die zuverlässige Bindung des vorhandenen qualifizierten Personals. Damit im Zusammenhang steht eine hohe Dynamik im Personalbereich:

- Karriereaufstiege durch Um- und Neubesetzungen
- Veränderung von Rollen und Aufgaben
- neue Kompetenzfelder
- höherer Bedarf an Mitarbeitern in operativen Einheiten ohne hierarchische Karriereoptionen, dafür aber mit Zusatzaufgaben
- normale Fluktuation

Das Konzept beschreibt die Entwicklung und Implementierung eines strategischen Talentmanagements, welches aus der dynamischen Konzernstrategie abgeleitet ist.«

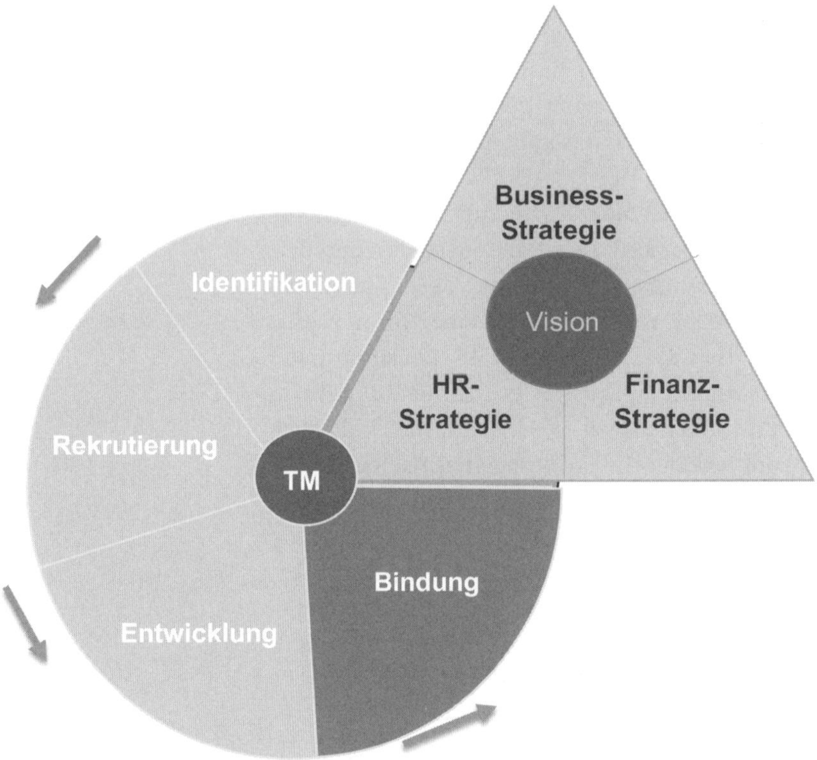

Abb. 47: Verzahnung des Talentmanagements mit der Unternehmensstrategie (Quelle: PWC)

Die Umsetzung der Strategie erfolgte in mehreren Schritten zwischen 2013 und 2016, die teilweise immer wieder von der Unternehmensrealität überholt wurden. Während die Personalabteilung nach der Strategieabstimmung mit der Geschäftsführung sofort Fahrt aufnahm und in der Einführungsphase hart am Wind segelte, stand das Talentmanagement während einer Integrationsphase mit personellen Umstrukturierungen ein Jahr lang fast still. Seit 2016 sind wesentliche Bestandteile des Talentmanagements als transparenter Prozess mit objektiven Instrumenten eingeführt: Talentmanagement-Strategie, Kompetenzmodell, Schlüsselpositionen mit Aufgaben- und Rollenbeschreibung, Mitarbeiterjahresgespräche, zielgerichtete Personalentwicklung mit Evaluation. Es kommen immer wieder neue Instrumente und Maßnahmen hinzu, die dann erprobt und evaluiert werden müssen.

Eine regelmäßige Führungskräfteentwicklung für das untere Management hatte das hierarchisch flach organisierte Unternehmen schon 2009 implementiert. Vereinzelte Workshops für das mittlere und obere Management fanden auf Zuruf statt. Für das stetige Wachstum benötigte das Unternehmen nun mehr qualifizierte Führungskräfte auf allen Ebenen, vor allem aber für Steuerungs- und Managementaufgaben. Daher sollte möglichst schnell ein definierter Personenkreis in einem Führungscheck darauf geprüft werden, welche Entwicklungsmaßnahmen im Anschluss erforderlich sind. Die Führung strategisch wichtiger Teams und die Servicepoint-Leitung erwiesen sich dabei als Schlüsselfunktionen. Konkrete Anforderungsbeschreibungen oder ein Kompetenzmodell waren noch nicht vorhanden, mussten aber unbedingt her, wollte man die Führungskräfte nach standardisierten und strategisch ausgerichteten Kriterien einschätzen.

Kompetenzmodell als Leuchtturm

Das Kompetenzmodell beschreibt die Verhaltensdispositionen, die für die Umsetzung der Unternehmensstrategie erfolgskritisch sind. Auch die treibenden Motive und die notwendigen Kernwerte der Unternehmenskultur sollten in das Kompetenzmodell einfließen.

Um die Verhaltensdispositionen zu finden, mussten zumindest zwei oder drei der Aufgaben, die für die Erreichung der Unternehmensziele wichtig sind, genauer untersucht werden. Das geschah über eine Aufgaben- und Rollenbeschreibung der beiden Schlüsselpositionen »Teamleitung« und »Servicepoint-Leitung«. Dazu wurden zunächst ausgewählte Führungskräfte im Unternehmen und einige Positionsinhaber mithilfe eines webbasierten Fragebogens interviewt. Aus den statistisch sortierten Ergebnissen konnte man einen Text erstellen, der die relevanten Kompetenzen für die Erfüllung dieser Aufgaben enthielt.

Damit war die Basis für das Kompetenzmodell gegeben. Im nächsten Schritt wurden die Kompetenzen ergänzt, genauer beschrieben und sinnvoll in größere Kompetenzfelder gruppiert. Darauf folgten mit (fast) allen Beteiligten Einzelinterviews, um auch sehr individuelle Einschätzungen und Meinungen in die Entscheidungsfindung einfließen zu lassen. Die Ergebnisse wurden in einem Workshop in das endgültige Modell gegossen. Inzwischen hatte sich eine verantwortliche Projektgruppe »Personal« aus dem Management gebildet, die zusammen mit dem Personalentwickler und den Beratern den letzten Schliff erarbeitete. Außergewöhnlich waren das Engagement und das Ringen um das beste Ergebnis, die durch die hohe Identifikation der beteiligten Manager mit dem Unternehmen gegeben waren, aber auch aus der Erkenntnis gespeist wurden, dass dieser Prozess strategisch wichtig für die Unternehmensentwicklung ist.

An dem Auszug aus dem Kompetenzmodell der »Deutsche Wohnen AG« ist ersichtlich, dass jede Kompetenz Verhaltensanker hat, die sie konkretisieren und messbar machen:

Kompetenz	Einzelkompetenzen	Verhaltensanker
Selbstmanagement	Selbstreflexion Kritikfähigkeit Selbstvertrauen	eigene Stärken und Defizite kennen, kontinuierlich an sich arbeiten, Bereitschaft, sich zu entwickeln und mit Feedback auseinanderzusetzen
	Selbstorganisation	Effizienz, Prioritäten setzen, organisiertes Vorgehen, Zeitmanagement
	Selbstständigkeit	Initiative ergreifen, mit wenig Vorgaben arbeiten
	Psychische und körperliche Stabilität	für körperliche und mentale Fitness sorgen, Arbeit und Freizeit in Balance bringen
Diversity Management	Offenheit und Wertschätzung für Unterschiede	Unterschiede als Chance sehen und für das Unternehmen nutzen
	Unterschiedlichkeit nutzen	Wertschätzend mit Unterschiedlichkeit umgehen
Kommunikation und Beziehungsgestaltung	Kommunikationsfreude Kontaktorientierung	aktiver Kontakt zu Menschen, Beziehung gestalten
	Präsentieren Moderieren Gesprächsführung	Inhalte und Ideen adressatengerecht und ansprechend vorstellen, strukturiert mit einer Gruppe oder im Einzelgespräch Ergebnisse erzielen
	Verhandlungskompetenz	mit Standing überzeugen, zielorientiert zum Abschluss kommen

Abb. 48: Kompetenzmodell der »Deutsche Wohnen AG« (Ausschnitt)

Zudem enthält das Kompetenzmodell handlungstreibende Motive wie »Identifikation mit dem Unternehmen«, »Verantwortung« oder »Besondere Herausforderung«, die aus einer anonymen Auswertung der webbasierten Fragebögen zur beruflichen Motivation der Nachwuchsführungskräfte (siehe dazu S. 161) und aus einer Diskussion im Workshop gewonnen wurden. Auch die Werte wurden gemeinsam mit der Management-Gruppe erarbeitet. Mit der Talentdefinition war schließlich die Basis für die fünf Folgeschritte gelegt (Instrumente mit Anforderungsprofilen, Mitarbeitergespräche, Potenzialprofile, Kennzahlen und Talentkonferenz, Evaluation).

Talentdefinition »Deutsche Wohnen AG«

Talente sind Mitarbeiter mit erfolgskritischen Kompetenzen, über alle Hierarchie- und Altersgrenzen hinweg. Sie sind Schlüsselmitarbeiter, die wesentlich zur Wertschöpfung des Unternehmens beitragen und deren Leitungsbeiträge nicht einfach zu kompensieren sind. Ziel des strategischen Talentmanagements ist es daher, die Kompetenzen und Potenziale dieser Mitarbeiter zu (er)kennen, zu fördern und sie an das Unternehmen zu binden.

Instrumente und Anforderungsprofile für die Talentidentifikation

Das erste Instrument aus der aktuellen Anforderung heraus war der Führungscheck. Danach sollten strukturierte Mitarbeitergespräche eingeführt werden, um die Talente im gesamten Unternehmen in den Blick zu bekommen.

Führungschecks

Der halbtägige Führungscheck bestand aus einem vorab absolvierten Online-Assessment-Center (CAPTain-Personaltest, Fragebogen zur beruflichen Motivation), einem strukturierten Interview und zwei Übungen zu Konfliktmanagement und Strategie. Für das Online-Assessment-Center wurde im Vorfeld in einem Workshop mit der Personalentwicklung ein Anforderungsprofil erarbeitet und mit dem Management abgestimmt. Zwei Berater, der Personalleiter und der für Talentmanagement verantwortliche Personalentwickler waren Beobachter und Beurteiler im Führungscheck.

Das Ergebnis war nach der Beobachterkonferenz jeweils ein zweigeteiltes Dokument aus Zahlenwerten und einer schriftlichen Beurteilung mit Potenzialaussagen und sehr konkreten Entwicklungsempfehlungen. Der Text und die Ergebnisse aus dem Online-Assessment-Center wurden in einem zweiten Arbeitsgang mit den Kandidaten besprochen und danach an die Vorgesetzten weitergegeben.

Eine objektive Einschätzung von Kompetenz, Motiven und Werten in Form eines Führungschecks war für diese Führungsebene eine völlig neue Vorgehensweise. Daher wurden die Führungskräfte im Anschluss an den Prozess befragt. Die hohe Akzeptanz und das große Interesse der eingeschätzten Führungskräfte lagen zum einen daran, dass die Einführung und die Vorgehensweise zu jedem Zeitpunkt transparent waren. Zum anderen konnten auch kritische Rückmeldungen dank der verständlichen und wertschätzenden Darstellung der Ergebnisse und der Entwicklungshinweise weitgehend angenommen werden (ein Auswertungsbeispiel aus einem Führungscheck finden Sie in Kapitel 3.3, S. 59).

Die Phase nach den Führungschecks war gekennzeichnet durch die Auswertung der Ergebnisse und die Umsetzung der Entwicklungsempfehlungen. Eine wesentliche Konsequenz war die Konzeption und Einführung eines Entwicklungsprogramms für die »Seniors«, also Führungskräfte mit Erfahrung und Potenzial in Schlüsselfunktionen, die sich insbesondere mit den Themen »Veränderungsmanagement« und »Strategie« auseinandersetzen. In dieser Phase wurden auch Einzelcoachings durchgeführt und Teamentwicklungen mit einzelnen Teams und ganzen Organisationseinheiten.

Mitarbeitergespräche

Erst über ein Jahr später war wieder Luft für die geplante Einführung von strukturierten Mitarbeitergesprächen auf Basis des Kompetenzmodells. Richtig Fahrt nahm der Prozess im Jahr 2015 auf. Die zahlreichen neuen Mitarbeiter aus den anderen Gesellschaften galt es zu integrieren und mit ihren Potenzialen zu erfassen. Dazu bot sich die Einführung eines Jahresmitarbeitergespräches an.

Mithilfe des Kompetenzmodells waren die 27 zu erfassenden Kompetenzen schnell bestimmt. Länger dauerten die Auseinandersetzung um die Einschätzungsskalen und die Berechnung der Ergebnisse. Kurze Schulungen sollten die Vorgesetzten fit machen, dann folgte für viele der Sprung ins kalte Wasser.

»Mit den strukturierten Mitarbeitergesprächen hat die Deutsche Wohnen einen großen Schritt in ihrer Unternehmensentwicklung gemacht«, sagt Stefanie Steinfurth, Regionalleiterin Ost der Deutsche Wohnen Immobilien Management GmbH nach der Einführungsveranstaltung.

Trotz der hohen Professionalität der Gespräche ging ein Raunen durch das Unternehmen, gab es doch aufgrund der hohen Einführungsgeschwindigkeit noch den einen oder anderen Optimierungsbedarf. Zur Erleichterung aller hatten wir die erste Runde als Pilotprojekt geplant und die Feedbackbögen gleich mitgegeben.

»Wir haben vorher auch regelmäßige Mitarbeitergespräche geführt. Durch die Einführung der strukturierten Mitarbeitergespräche haben wir Führungskräfte uns auf einer anderen Ebene mit unseren Mitarbeitern beschäftigen müssen. Das ist aufwendig. Die Kriterien und die Struktur sind dabei jedoch sehr hilfreich«, sagt Susanne Ruschka, Leiterin Forderungsmanagement, die für mehr als 50 Mitarbeiter verantwortlich ist.

2016 konnten die kritischen Punkte und Anregungen sowohl der Vorgesetzten als auch der Mitarbeiter in die jetzt gültige Fassung mit etwas weniger Kompetenzen und einer veränderten Beurteilungsskala einfließen.

Durch die Einführung der Mitarbeitergespräche kamen einige Vorgesetzte in große Bedrängnis, da sie eine sehr hohe Führungsspanne hatten und damit sehr viele Mitarbeiter einschätzen mussten. »Die Konsequenz aus dieser Erkenntnis hat das Unternehmen nun in Angriff genommen und damit begonnen, in sehr großen Abteilungen hierarchische Zwischenebenen einzuziehen und Koordinatoren und neue Teamleiter zu qualifizieren«, sagt Jens Koglin, Managing Director Human Resources.

Kompass ausrichten: Potenzialprofile mit Entwicklungszielen

Das Ergebnis aus dem Jahresgespräch hat natürlich nicht immer einen direkten Bezug zum Talentmanagement, sondern dient vornehmlich der Kompetenzbeurteilung, die in einem Potenzialprofil zusammenfließt. Die Beurteilung bekommt jedoch dann eine Relevanz für das Talentmanagement bei der »Deutsche Wohnen AG«, wenn Mitarbeiter insgesamt über einem bestimmten Ergebniswert liegen, wenn sie also in einigen Feldern Potenzial für weitere Herausforderungen haben. Sind sie motiviert, sich für neue Herausforderungen weiterzuentwickeln, sind die Vorgesetzten angehalten, sich mit der Personalabteilung in Verbindung zu setzen. Ein Orientierungsgespräch und womöglich die Teilnehme an einem Orientierungscenter sind dann die Folge.

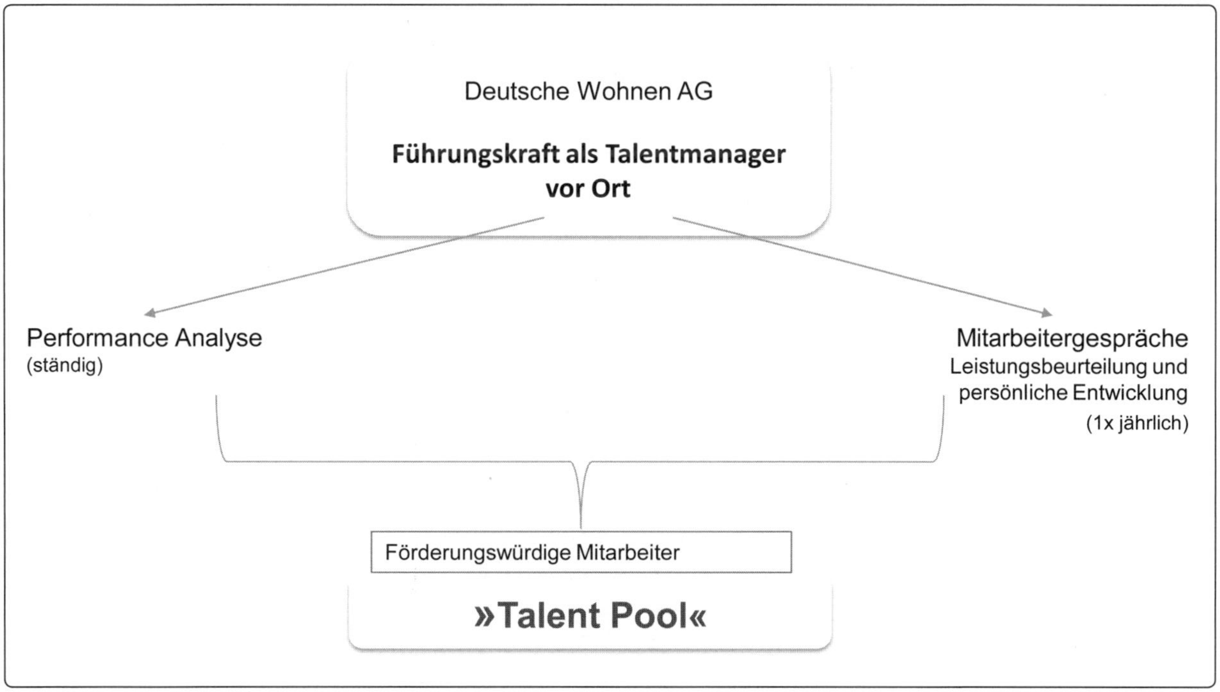

Abb. 49: Rolle der Führungskraft bei der Talentidentifikation

Die »Deutsche Wohnen AG« hat in der ersten Jahresgesprächsrunde zahlreiche potenzielle Talente identifiziert. In der Folge wurden mehrere Orientierungscenter durchgeführt. Die 15 Personen mit den besten Ergebnissen befinden sich nun im ersten Talentprogramm.

Landkarte erstellen: Kennzahlen und Talentmanagement-Konferenz

Groß war das Interesse des Vorstands, die Ergebnisse aus dem Führungscheck zu sehen. Passten die Führungskräfte ins Anforderungsprofil? Welche und wie viele von ihnen würden Potenzial für mehr zeigen? Die Antworten dazu wurden als statistisches Zahlenwerk mit Überblicksdarstellungen vorbereitet und in einer Talentkonferenz kommuniziert.

Die Motivstrukturanalyse zeigte deutlich die drei handlungstreibenden Motive, die bei den Führungskräften am meisten ausgeprägt waren. An erster Stelle stand die hohe Identifikation mit dem Unternehmen, danach kamen »Verantwortung übernehmen« und »Mitarbeiter führen«.

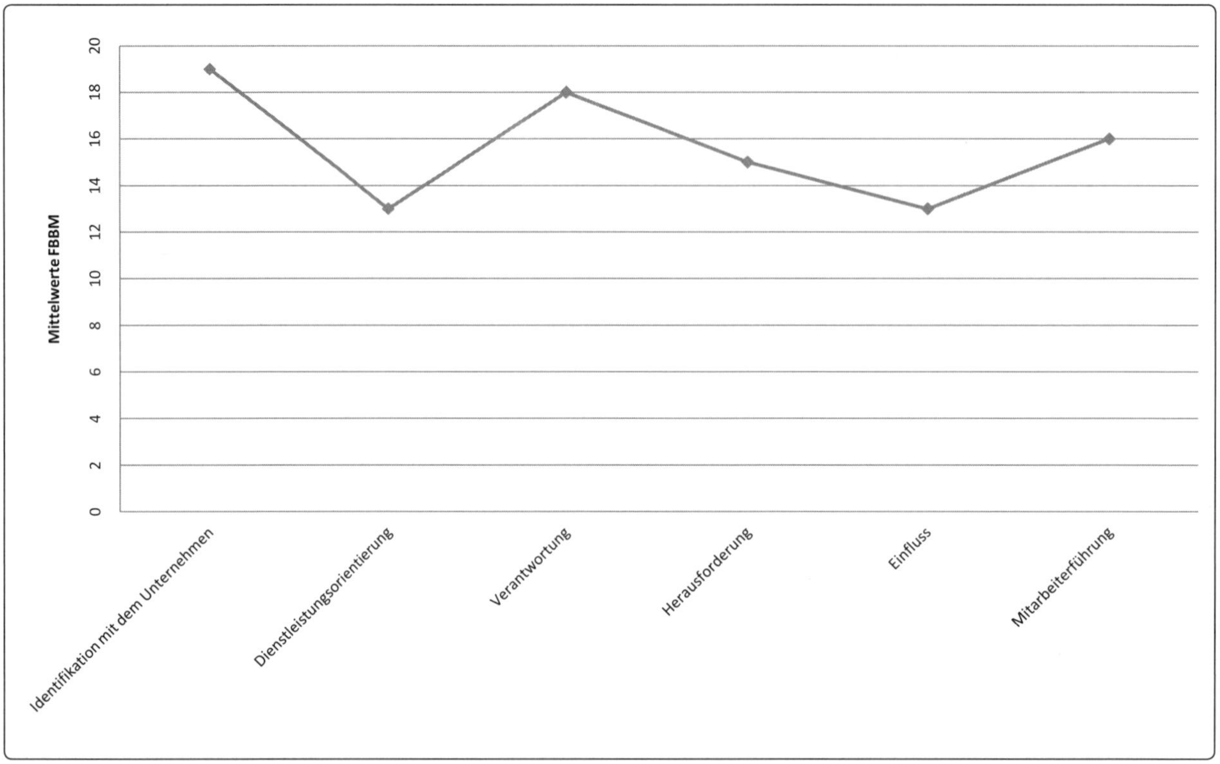

Abb. 50: Motivstruktur der Führungskräfte aus dem Führungscheck

Zusammen mit den Vorgesetzten wurden die Ergebnisse besprochen und evaluiert. Erfreulich war, dass die Teamleiter als Gruppe bei den Kompetenzen »Steuern« und »Drive« die Anforderung übertrafen (vgl. Abb. 51). Erkenntnisse über die beiden Führungsgruppen sowie die Einschätzung und das Ranking der Einzelpersonen wurden ausgiebig diskutiert.

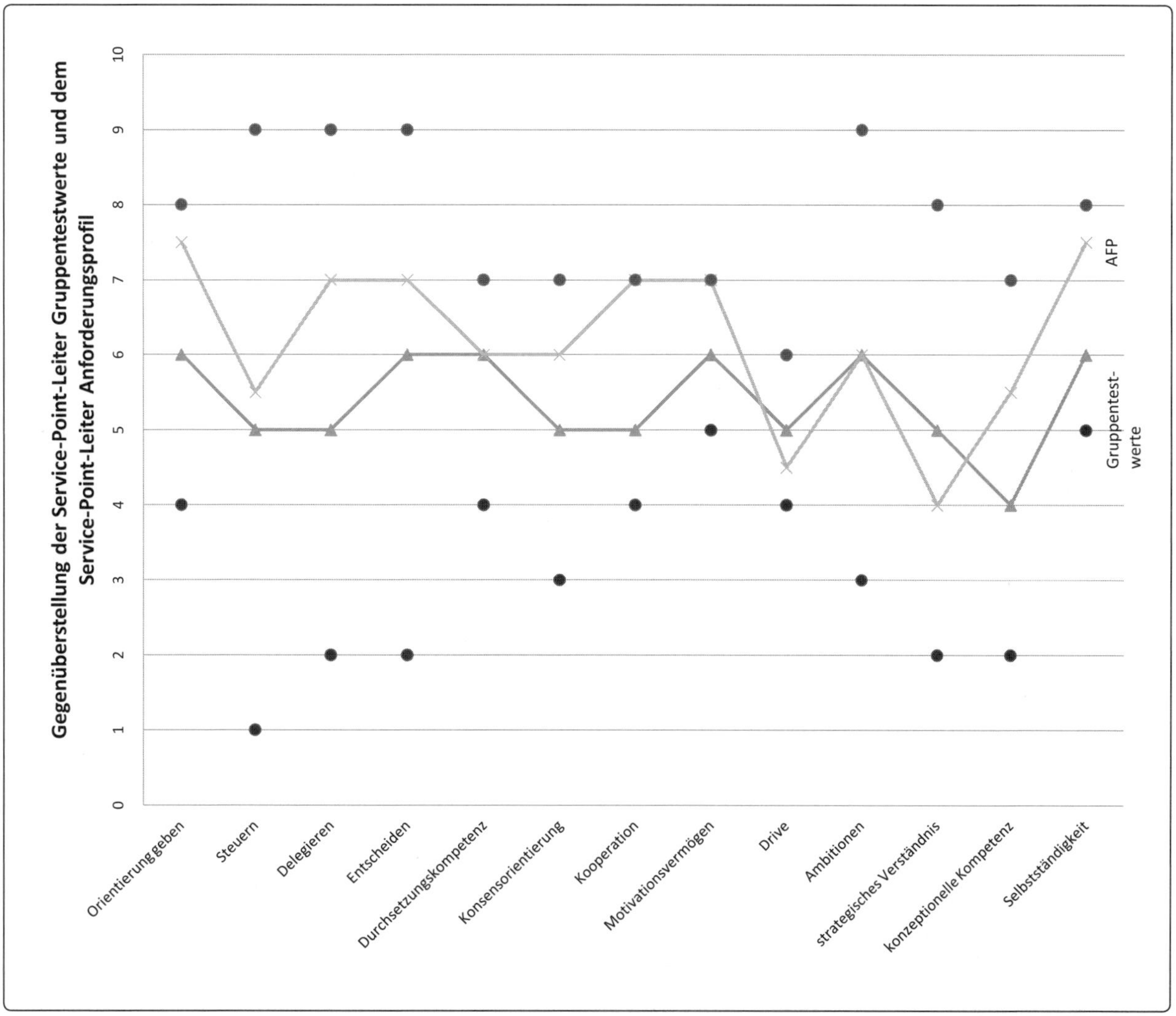

Abb. 51: Motivstruktur der Führungskräfte aus dem Führungscheck

Abbildung 51 zeigt eine typische statistische Auswertung: Für 13 erfolgskritische Kompetenzen werden die durchschnittlichen Gruppenergebnisse der Teamleiter (graue Linie) mit dem Anforderungsprofil (schwarze Linie) verglichen. Die grauen Punkte links zeigen Einzelabweichungen nach unten, die schwarzen Punkte rechts Abweichungen nach oben an. Am Ende der Talentkonferenz standen konkrete Vorschläge für personelle Entscheidungen.

»Zwei Jahre danach und nach einer rasanten Unternehmensentwicklung haben sich meine Potenzialaussagen durch die daraus resultierenden Personalentscheidungen für mich vollkommen erfüllt. Nicht nur, dass ich in meiner jetzigen Managementaufgabe gewachsen bin. Die große Verantwortung motiviert mich und eröffnet mir neue Möglichkeiten«, sagt Nadine Guth-Weidner, Geschäftsführerin der Deutsche Wohnen Kundenservice GmbH.

Segel setzen: Personalentwicklung an Ergebnissen und Nutzen ausrichten

Die Ergebnisse der Jahresgespräche haben zu einigen nutzenorientierten Personalentwicklungsmaßnahmen geführt. Speziell dem Talentmanagement zuzuordnen ist hierbei das neue Talentprogramm. Die Führungskräfteprogramme sind nach wie vor das Kernstück des Talentmanagements. Ausgewählt werden die Teilnehmer vornehmlich von ihren Vorgesetzten, die damit ihrer Rolle als Talentmanager vor Ort gerecht werden. Hilfreich dafür sind die Kriterien aus dem Jahresmitarbeitergespräch. Eine Befragung der Vorgesetzten direkt vor der Maßnahme macht deren Einschätzung über Stärken und Lernziele der Teilnehmer transparent. Weitere Entwicklungsziele für die Nachwuchsführungskräfte werden anschließend aus den differenzierten Ergebnissen des CAPTain-Personaltests im Gespräch abgeleitet. In einem vorbereitenden Gespräch mit den Lerncoaches wird dann ein konkreter Lernzielplan erstellt. Die Lernziele der Gesamtgruppe bestimmen die Feinausrichtung und die Schwerpunkte des gesamten Programms.

Diese Vorgehensweise, die schon im Unternehmen etabliert ist, hat aus Sicht der Vorgesetzten nachhaltige Folgen für die Lernprozesse, aber auch mittelfristige für die Unternehmenskultur. Dr. Katrin Wolff, Geschäftsführerin der Deutsche Wohnen Management GmbH, fasst diese Wirkung so zusammen: »Durch den Einsatz der CAPTain Analyse in der Führungskräfteentwicklung konnte die Eigenwahrnehmung über ausgeprägte Kompetenzen und eventuelle Lernfelder differenzierter gemacht werden. Es erhöhte sich die Motivation für die eigene Entwicklung. Und es gelang uns, unsere Feedbackprozesse zu professionalisieren.«

Abbildung 52 zeigt, wie die Feedbackkultur im Unternehmen mit objektiven Beurteilungsinstrumenten professionalisiert werden kann.

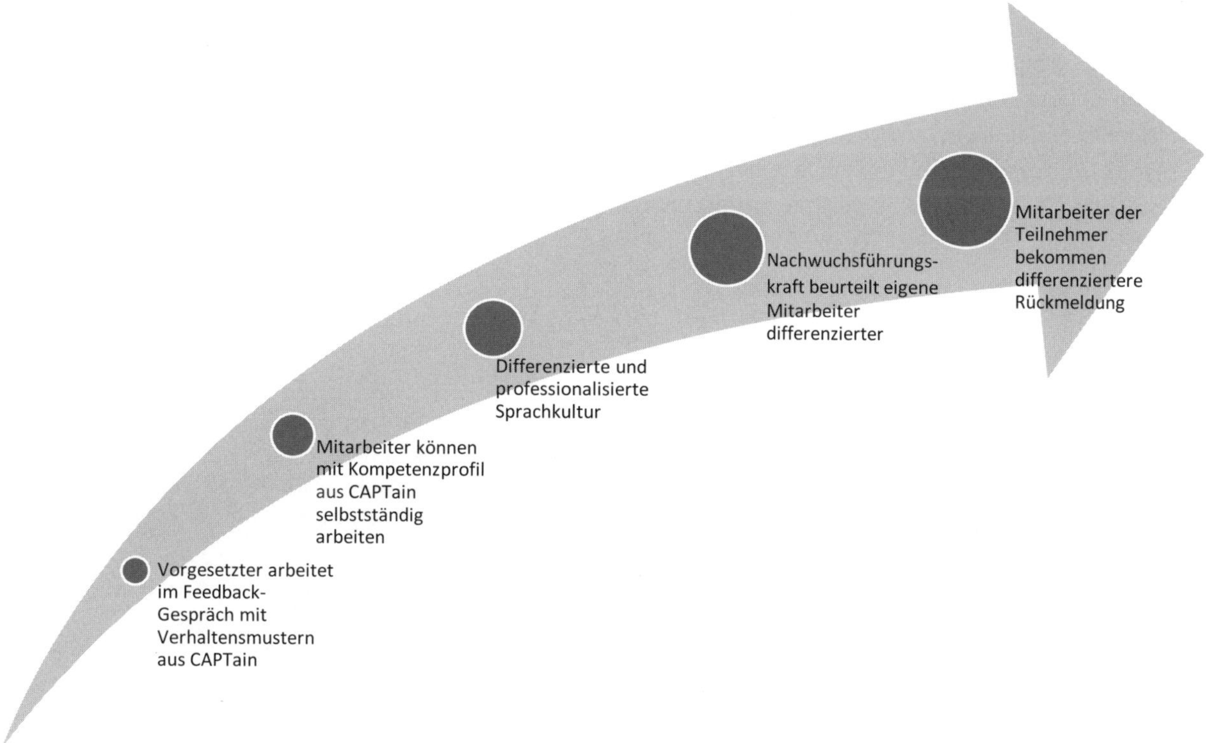

Abb. 52: Professionalisierung der Feedbackkultur

Fahrt aufnehmen, aber in jedem Hafen klar Schiff machen

Zeitweise segelt das Schiff der »Deutsche Wohnen AG« hart am Wind. Dennoch gibt es immer wieder Phasen der Konsolidierung, die für die Personalabteilung Freiraum für Evaluation und Verbesserung schaffen. So wurden die Jahresmitarbeitergespräche nach dem ersten Durchlauf unter Einbeziehung der Anwender-Feedbacks noch einmal überarbeitet. Personalleiter Jens Koglin sagt dazu: »Wir nutzen jede kurze Phase der Konsolidierung in der Unternehmensentwicklung, um grundlegende Talentmanagement-Instrumente wie strukturierte Mitarbeitergespräche, systematisierte Feedbackprozesse und zielgerichtete Personalentwicklung zu etablieren und zu verbessern, damit wir für die nächste Herausforderung richtig aufgestellt sind. Wir spüren den zunehmenden Mangel an qualifizierten Nachwuchskräften auch. Daher verstehen wir das Talentmanagement auch als Weg, qualifizierte und engagierte Mitarbeiter zu finden und zu halten und uns als attraktiver Arbeitgeber zu erweisen.«

Dazu gehört auch die jährliche Evaluation in der Führungskräfteausbildung. Jeder Einzelne erfährt nach einem Jahr schwarz auf weiß, wie er sich in seinen 34 Kompetenzen entwickelt hat. Eine statistische Auswertung für die gesamte Gruppe zeigt die Veränderungen nach einem Jahr Training und Transferarbeit.

Fazit: Erfolgskriterien erfüllt

Die »Deutsche Wohnen AG« hat die sieben Erfolgskriterien bei der Einführung des strategischen Talentmanagements weitgehend berücksichtigt (siehe Kapitel 2, S. 28). Wesentlich war dafür, dass der Vorstand das Talentmanagement vorantrieb und die erforderlichen Ressourcen zur Verfügung stellte. Die Schlüsselpositionen wurden bestimmt, eine unternehmensspezifische Talentdefinition und ein Kompetenzmodell als Leuchtturm erarbeitet.

Die Personalabteilung hat die Gesamtverantwortung für den Prozess und bezieht das Management mit ein. Die standardisierten und objektiven Instrumente des Talentmanagements, vor allem das Mitarbeiterjahresgespräch, richten sich am Kompetenzmodell aus. Die Ergebnisse der Jahresgespräche sind die Richtschnur für die Konzeption und das Angebot der Personalentwicklungsmaßnahmen, die eine deutliche Nutzenorientierung haben. Neue Instrumente werden evaluiert und angepasst.

Ein wesentliches Erfolgskriterium sind aus unserer Sicht die Führungskräfte als Talentmanager vor Ort. Da das Unternehmen inzwischen über 1 200 Mitarbeiter hat, kann kein Talentmanager und kein Personaler alleine die Potenziale und Entwicklungsmöglichkeiten der Mitarbeiter erfassen. Das übernehmen weitgehend die Vorgesetzten, die für diese Rolle auch selbst im Jahresmitarbeitergespräch beurteilt werden. In der Führungskräfteentwicklung werden sie für das Führen ihrer Jahresgespräche fit gemacht. Mit dem strategischen Talentmanagement hat die »Deutsche Wohnen AG« einen Kurs eingeschlagen, der sie auch durch stürmische Gewässer zu neuen Ufern führen kann.

Schluss

Bei aller Strategieorientierung soll das Talentmanagement nach unserem Werteverständnis immer den Menschen in den Mittelpunkt stellen, seine unentdeckten Potenziale zur Entfaltung bringen und seine Motive im Berufsleben so weit wie möglich berücksichtigen. So kann eine Organisation für den Einzelnen zu einem Ort für Wachstum, Sinnfindung und Selbstverwirklichung werden. Es ist uns wichtig, den Menschen mit seinen Bedürfnissen immer auch als Selbstzweck zu sehen. Zugleich sind Talente aus Sicht der Organisation menschliche Ressourcen, an die Verhaltens- und Kompetenzerwartungen gestellt werden, um Unternehmensziele zu erreichen. Diese unterschiedlichen Interessenlagen gilt es in der Organisation in einem respektvollen Miteinander zu berücksichtigen. Dies ist vornehmlich die Aufgabe der Führungskräfte. Wenn es dabei gelingt, dass die Menschen in der Organisation über die Hierarchien hinweg offen bleiben, immer wieder voneinander zu lernen, wird gerade dieser Unterschied durch ein strategisches Talentmanagement zu einer Riesenchance für Person und System.

Wenn Sie beim Lesen neugierig geworden sind und diese Chance auch in Ihrem Unternehmen nutzen wollen, fangen Sie einfach an. Meist ist der erste Schritt ein Workshop der Geschäftsführung mit den Personalverantwortlichen, um den Standort zu bestimmen: Was haben wir schon, was brauchen wir noch? Womit beginnen wir? Hierbei können Sie unsere Checkliste nutzen oder uns zur Unterstützung in Ihr Unternehmen einladen.

Danke!

Wir danken Christoph Nagler, der uns beim Denken und Schreiben als kompetenter Personaldiagnostiker und Unternehmensberater mit kritischen Rückmeldungen und Anregungen unterstützt hat.

Sibylle Nagler dankt insbesondere Katharina Rossmann für die äußerst konstruktive und kreative Zusammenarbeit, die zudem viel Spaß gemacht hat, aber auch für ihre unermüdliche Ausdauer in einem immer komplexer werdenden Projekt.

Gerd Löffler dankt seinem Coach Yvonne Magin, die seine Potenziale in jungen Jahren erkannt und gefördert und somit die Weichen für seine heutige Beratertätigkeit gestellt hat.

Anhang
Informationen zum Personaltest »CAPTain«

Für Standortbestimmung, Potenzialanalyse und Vertriebskompetenzanalyse arbeiten wir im Talentmanagement seit Jahren erfolgreich mit den arbeitspsychologisch fundierten Instrumenten des CAPTain-Systems der CNT Gesellschaften für Personal- und Unternehmensentwicklung in Hamburg. Die CAPTain-Analyse ist ein wissenschaftlich fundiertes und erprobtes Verfahren, um die Verhaltenskompetenzen und -potenziale einer Person objektiv und genau zu erfassen. Sie ist nicht manipulierbar und wird seit mehr als zwei Jahrzehnten erfolgreich in der Personalarbeit eingesetzt.

Eine ausführliche Besprechung der CAPTain-Analyse finden Sie im »Handbuch der Persönlichkeitsanalysen« (Brand/Ion/Wittig 2015), einzelne Musterauswertungen stehen auf der Website www.captain-system.de. Musterauswertungen für die Personalauswahl und -entwicklung, vor allem die im Buch erwähnten »CAPTain compact« und »CAPTain Unternehmer« finden Sie unter www.captain-system.de/captain-anwendungen/zur-personalauswahl/. Informationen und Musterauswertungen zum Fragebogen zur beruflichen Motivation und weiteren Tools für das Talentmanagement finden Sie zum Download unter www.captain-system.de/captain-anwendungen/performancemanagement/.

Weitere Informationen können Sie unter office@cnt-gesellschaften.com anfordern.

Literatur

Athanas, Christoph/Graf, Nele: *Innovative Talentstrategien*, Haufe 2013.

Bikner, Guido: *Talentmanagement für die Großstadt, in: Talentmanagement*, FAZ Fachverlag, 5/2015, S. 6.

Boston Consulting Group: *The Global Leadership Talent Index*, 2015.

Brand, Markus/Ion, Frauke/Wittig, Sonja (Hrsg.): *Handbuch der Persönlichkeitsanalysen. Die führenden Tools im Überblick*, Gabal 2015.

Breiski, Jörg: *Schutz vor dem Ziegelsteinfall*, in: Talentmanagement, FAZ Fachverlag 1/2015, S. 13–16.

Breiski, Jörg: *Talente brauchen Zeit. Anforderungen an Führungskräfte im Wandel*, in: Talentmanagement, FAZ Fachverlag 1/2014.

Doerfler, Wolfgang: *Ernüchternde Ergebnisse. Die Qualität der Führung ist in vielen Unternehmen weltweit immer noch nicht ausreichend* (Studie Global Leadership forecast, DDI GmbH 2015), in: Personalmagazin 9/2011, S. 30 ff.

Dreyer, Anne/Nowak, Magdalena: *Untersuchung über betriebliches Bildungsmanagement als Teil des strategischen Talentmanagements*, in: Unternehmen. Bilden. Zukunft. 2012.

Enaux, Claudius/Meifert, Matthias/Henrich, Fabian: *Strategisches Talent Management: Potenziale systematisch finden und entwickeln*, Freiburg i. Br., Haufe 2011.

Erpenbeck, John/Rosenstiel, Lutz: *Handbuch Kompetenzmessung. Erkennen, verstehen und bewerten von Kompetenzen*, Schäffer-Poeschel 2003.

Global Leadership Forecast: *STUDIE mit weltweit 12 000 Führungskräften*, DDI GmbH 2014/2015, www.ddiworld.com/glf2014.

Grün, Anselm: *Menschen führen, Leben wecken*, Vier Türme 2000.

Gutmann, Joachim/Gatzke, Eduard: *Talentmanagement*, Haufe 2015.

Heer, Nora: *Die Führungskraft als Coach in Augenhöhe*, in: Online Magazin Berlin Valley, 5. September 2016.

Henrici, Josefine/Wrage, Frauke: Erfassung von Verhaltenskompetenzen: CAPTain (Computer Aided Personnel Test answers inevitable). In: Erpenbeck, J./Grote, S./Sauter, W./von Rosenstiel, L. (Hrsg.): *Handbuch Kompetenzmessung: Erkennen, verstehen und bewerten von Kompetenzen in der betrieblichen, pädagogischen und psychologischen Praxis*, Schäffer-Poeschel, 3. Auflage 2017.

Hölzle, Philipp: *Strategien der Personalentwicklung*, in: Meifert, Matthias (Hrsg.): Strategische Personalentwicklung, Springer 2010.

Hübschmann, Wernfried/Nagler, Christoph: *Damit Mensch und Aufgabe zueinander passen*, in: Handbuch der Persönlichkeitsanalysen, Gabal 2015, S. 138 ff.

Jäger, Wolfgang/Körner, Peter: *Zehn Jahre Talent Management: Ein Spagat zwischen theoretischen Ansprüchen und praktischer Umsetzung*, in: Jäger, W./Körner, P.: Talent Management. Strategien, Umsetzung, Perspektiven, 2., aktualisierte Auflage, Köln 2015, S. 15–25.

Kellermann, Barbara: *The end of Leadership*, HarperCollins Publishers 2012.

Komm, Asmus/Cornelissen, Nils/Putzer, Lars: *So funktioniert Führungskräfteentwicklung*, in: Harvard Business Manager Juni 2007.

Krämer, Michael: *Grundlagen und Praxis der Personalentwicklung*, UTB, TB 2, 2011.

Krims, Jan: *Führung verbessern – warum das so schlecht klappt,* in: Der Standard, 9/2016.

Meifert, Matthias: *Strategische Personalentwicklung. Ein Programm in acht Etappen,* Springer 2010.

Mentzel, Wolfgang: *Personalentwicklung,* dtv Beck Wirtschaftsratgeber 2012.

Michels, Ed u. a.: *The War for Talent,* in: Harvard Business Press 2001.

Nagler, Sibylle: *Überzeugen mit Strategie,* in: Personalmagazin 4/2013, S. 78 ff.

Paschen, Michael/Fritz, Alexander (Hrsg.): *Die Psychologie von Potenzial und Kompetenz. Individuelle Stärken verstehen, beurteilen und entwickeln,* 2014.

Pollack, Walter/Pirk, Dieter: *Personalentwicklung in lernenden Organisationen,* Gabler 2001.

Preußler, Jaqueline: *Talentmanagement in Deutschland: Es gibt noch viel zu tun,* in: Talentmanagement, FAZ Fachverlag, 1/2014.

Ritz, Adrian/Sinelli, Peter: *Talentmanagement. Überblick und konzeptionelle Grundlagen,* in: Ritz, Adrian/Thom, Norbert (Hrsg.): Talentmanagement. Talente identifizieren, Kompetenzen entwickeln, Leistungsträger erhalten, Gabler 2010.

Ritz, Adrian/Thom, Norbert (Hrsg.): *Talentmanagement. Talente identifizieren, Kompetenzen entwickeln, Leistungsträger erhalten,* Gabler 2010.

Steinweg, Svea: *Systematisches Talentmanagement. Kompetenzen strategisch einsetzen,* Schäffer-Poeschel 2009.

Stulle, Klaus/Wensing, Joana u. a.: *Mittlere Reife,* in: Personalwirtschaft 7/2014, S. 50 ff.

Trost, Armin: *Talent Relationship Management. Personalgewinnung in Zeiten des Fachkräftemangels,* Springer 2012.

Ulrich, Dave u. a.: *The Human Resources Scorecard: Linking People, Strategy and Performance,* in: Harvard Business Review 2001.

Ulrich, Dave: *Human Resources Value proposition,* in: Harvard Business Review 2005.

Ulrich, Dave: *Human Resource Champions: The Next Agenda for Adding Value and Delivering Results,* in: Harvard: Business School Press 1997.

Wegerich, Christine: *Strategische Personalentwicklung in der Praxis,* Springer Gabler, 3. Auflage 2015.

39,95 €